ÉTUDES

HIPPOLOGIQUES

PAR

Eug. GAYOT,

DIRECTEUR DU HARAS ROYAL DE POMPADOUR, CHEVALIER DE LA LÉGION D'HONNEUR, MEMBRE DE PLUSIEURS SOCIÉTÉS SCIENTIFIQUES.

Spargere collecta.

Recueillir et semer.

PARIS,

IMPRIMERIE DE GUIRAUDET ET JOUAUST,

RUE SAINT-HONORÉ, 315.

—

1845

A Monsieur Billaut.

En vous offrant mes *Etudes hippologiques*, je n'avais songé qu'à vous donner un faible témoignage de ma reconnaissance pour le bienveillant intérêt que vous m'aviez montré. Aujourd'hui que l'œuvre est commencée, je crains qu'elle ne réponde pas à mon attente et qu'elle ne soit pas digne de vous.... Je continuerai pourtant, mais je compterai plus sur votre indulgence ordinaire que sur mes propres forces.

Eug. GAYOT.

On a pu mettre en question si, dans l'état actuel des connaissances hippologiques, il existait une science proprement dite qui méritât le nom de *science hippique;* on a pu se demander, il n'y a pas long-temps encore, si quelques travaux de détail, quelques matériaux épars, un petit nombre de faits mal étudiés, avaient entre eux des rapports assez marqués pour être rattachés à une cause commune, réunis en faisceau, enchaînés par une théorie, et constituer une science à part; on a pu contester à ceux qui les premiers ont écrit cette dénomination nouvelle l'autorité de leurs principes et leur valeur; on a pu même laisser tomber de haut sur eux cette phrase : « Non, vous n'êtes point une science! »

Depuis lors, les faits se sont multipliés, ils ont été mieux observés et mieux expliqués; les principes se sont éclairés, ils ont été mieux interprétés, plus distincts, plus compréhensibles, et la science nouvelle a pris rang parmi les autres branches des connaissances humaines. Elle a maintenant son siége d'enseignement, ses chaires, ses professeurs, ses disciples, des tribunes qui exposent ses doctrines, qui formulent ses opinions ; elle n'est plus une sorte de religion sans église où chacun peut sacrifier selon son caprice à son Dieu, à ses préjugés, à sa routine, elle a pris un corps, revêtu une forme : elle n'est plus une abstraction ni même une espérance; elle est une vérité, un fait.

Pour n'être pas ingrats, les hippologues modernes doivent reconnaître que leur science de prédilection doit beaucoup à toutes les autres; que chacune, sans rien perdre de sa force, lui a donné quelque chose. A ces emprunts divers se sont naturellement ajoutés des agrandissements successifs; ceux-ci ont donné lieu à une nouvelle existence, qui, protégée, secourue, prend son essor et marche vers d'autres développements, libre, mais non indépendante, car chaque progrès doit multiplier encore les nombreux rapports qui l'unissent déjà à ses devancières. Elle n'en vivra pas moins de sa propre vie avec la prétention fondée de rendre quelque jour les bienfaits reçus et de réfléchir la lumière qu'elle aura absorbée.

Ce mode d'accroissement de la science hippique n'est point une chose neuve, insolite, un fait exceptionnel dont il faille s'étonner. En le signalant, on répète, on explique le mode de génération, la naissance et le développement de toutes les sciences. En effet, toutes sont sorties du chaos. On les a vues poindre tour à tour à l'horizon comme un point obscur que la lumière n'a éclairé que par degrés, faiblement d'abord, plus vivement ensuite. Mais les progrès de chacune, cela se comprend bien, ont été d'autant plus marqués et plus rapides, les différents âges à parcourir avant d'atteindre à la plus large voie de perfectionnement ont été d'autant plus courts, que les aînées étaient elles-mêmes plus avancées vers la perfection. Aussi leur alliance est devenue ainsi tellement étroite, et leurs diverses parties se sont si naturellement ajoutées, expliquées, complétées, qu'en regardant les choses d'un peu haut, on aperçoit du premier coup d'œil la connexité qui les lie, et on est entraîné à ne pas séparer, dans les recherches et l'appréciation qu'on en fait, les détails, qui sont la clef de l'ensemble, et l'ensemble, qui est la dernière raison des détails.

La science hippique est encore partout à l'état d'embryon ; elle n'est encore nulle part à l'état d'enchaînement des faits qui la constituent. Il serait difficile de la produire systématiquement aujourd'hui en un cadre homogène et complet ; mais il est possible de tailler quelques pierres nécessaires à son édification, de poser même quelques unes des assises sur lesquelles elle sera plus tard solidement élevée.

Ces études n'ont pas d'autre objet. Elles provoqueront l'examen et la controverse ; il en restera toujours quelque chose d'utile. Le temps est venu où on ne peut plus se borner à soulever isolément une question sans la creuser et la résoudre : on ne saurait demeurer toujours dans le cercle étroit des idées reçues. Quelques individualités ont pu pousser l'art aux dernières limites que la pratique puisse atteindre sans que les masses profitent suffisamment de ses avantages ; c'est à la théorie maintenant d'éclairer l'avenir de son flambeau. D'autres rempliront plus aisément cette tâche, qui est de beaucoup au dessus de mes forces ; mais pourtant je ferai en sorte que chacun des chapitres de cet ouvrage ne soit qu'un point de détail détaché d'un tout, d'un ensemble bien combiné, et que toutes ces molécules éparses, procédant d'un seul et même principe, puissent encore se réunir sous l'empire d'une seule et même idée.

Mes études hippologiques ne promettent rien au delà. Elles paraîtront en livraisons, — une à la fin de chaque année ; — deux formeront un volume. Quelle sera leur destinée?... Je ne m'en préoccuperai guère ; mais je n'étudierais pas si je n'espérais contribuer pour ma quote-part au progrès de la science qui a pour objet la production améliorée du cheval, ou l'appropriation de ses facultés et de ses forces aux besoins toujours changeants des temps. A ce but s'arrête toute mon ambition.

Pompadour, le 1ᵉʳ mai 1845.

ÉTUDES HIPPOLOGIQUES.

Des éléments de la valeur du Cheval.

I.

Avant de se livrer à la culture d'une race, il faut en rechercher la valeur intrinsèque, en fixer l'importance économique, et
apprécier les éléments divers dont se composent l'une et l'autre.
Si de cette étude on arrive à une conclusion favorable à la race,
si l'on vient à constater son utilité réelle, profitable à l'éducateur
comme à celui dont on aura cherché à satisfaire les besoins , il
ne restera plus qu'à déterminer les avantages naturels ou acquis
de la situation particulière où l'on se trouve , et enfin à calculer
la somme des forces dont on pourra disposer en vue d'améliorations nouvelles ou des modifications heureuses de la forme primitive. Celles-là rehausseront encore le mérite propre à la race ; les dernières ajouteront des caractères et des aptitudes qui
l'approprieront plus complétement aux exigences du temps.
Une fois connus, les termes du problème n'échapperont pas à la
pensée chargée d'en poursuivre la solution. La marche sera
mieux éclairée, lorsqu'on saura d'où l'on est parti et où l'on doit
arriver. En procédant ainsi , on va droit au but ; les difficultés
étant prévues , on ne donne rien au hasard : tout est combiné
pour le succès.

Nous voulons particulièrement appliquer ces données à la
production et à l'élevage du cheval.

II.

Et d'abord cherchons à le définir et à le caractériser.
En l'état de domesticité, et quel qu'il soit, — comme race,

comme aptitude, comme emploi, — le cheval est un moteur a-
nimé puissamment et merveilleusement organisé, une machine
vivante très complexe et se résumant pourtant, selon l'expression de Cuvier, « en un système unique et clos, dont les par-
»ties correspondent mutuellement, et concourent à la même ac-
»tion définitive par une action réciproque. » L'objet et l'utilité de cette machine sont faciles à saisir ; ils consistent à con-
vertir le plus fructueusement possible en force vive, en puissance motrice, tout ce qu'on emploie de matière à sa création et
à son entretien. Pour en obtenir une somme d'efforts considérable, une masse de travail qui n'en rende pas la possession
onéreuse, pour en maintenir long-temps la puissance, pour en
renouveler l'effet utile aussi promptement que l'exigent les services spéciaux qui réclament son application, cette machine
veut être intelligemment créée et développée, soigneusement
entretenue, bien dirigée dans toutes les fonctions qu'elle doit
remplir dans l'intérêt de sa propre conservation et parfaitement
conduite dans les actes qu'elle doit accomplir pour le compte
de son possesseur. Elle a parfois de grandes exigences : elle
commande des attentions, des prévenances, des ménagements ;
il faut s'en occuper en temps opportun, la traiter suivant des
règles déterminées, la nettoyer, la lubrifier, tendre ses ressorts, la perfectionner sans cesse.

Tous les genres d'emploi du cheval doivent être ramenés à
deux effets généraux, à deux actions principales : — la traction
et le transport à dos. — L'un et l'autre dépendent de la force
ou de l'énergie musculaire accumulée dans chacune des parties constitutives du moteur par suite des soins et de l'entente
qui ont présidé à sa production, à son accroissement et à son
entretien.

Sans être précisément proportionnée à la masse du corps, la
force musculaire s'y trouve néanmoins dans un certain rapport
avec le volume de la charpente squelettaire, la largeur des cor-
des tendineuses et le développement du système musculaire.
Étudiée sur des animaux de même race, élevés dans des condi-

tions générales similaires, il n'est pas douteux que la force musculaire unie à la résistance n'existe à un plus haut degré chez ceux dont le volume du corps est plus considérable. Mais serait-il exact d'établir la même différence proportionnelle entre les animaux de races différentes, soumis à des nourritures de forces variables? Non, certes. Et en effet, qu'un cheval lourd, à la haute taille, aux grandes dimensions, aux coussins charnus volumineux, au tempérament lymphatique et mou, soit plus puissant ou plus fort au trait que le cheval légal léger, aux proportions élégantes et sveltes, aux tissus denses et serrés, au tempérament sec et nerveux, rien d'étonnant à coup sûr. Sans doute aucun, le premier montrera, dans une action lente et prolongée, une grande supériorité sur le second. Mais que l'essai inverse ait lieu, que l'on charge également les mêmes chevaux, qu'on les soumette à des actions plus rapides, et le plus puissant des deux, croyez-le bien, ne sera plus l'animal lourd, celui chez lequel une plus grande force musculaire avait été constatée en premier lieu; tout l'avantage restera au second, que je suppose d'ailleurs bâti en force relativement aux dimensions de sa race, et convenablement proportionné dans toutes ses parties.

Il en résulte que le cheval exclusivement destiné au tirage lent doit être volumineux et lourd pour produire une somme très considérable d'effet utile; mais que, pour obtenir du cheval une grande quantité d'énergie musculaire, soit au trait rapide, soit au service de la selle, la masse du corps doit être allégée au contraire dans certaines proportions, sans dépasser pourtant certain degré au dessous duquel on ne trouverait plus que faiblesse et impuissance.

Jusqu'ici je n'ai parlé que de l'énergie musculaire ou de la force physique, puissance toute matérielle en quelque sorte. Comme être vivant, le cheval renferme en sa nature une autre propriété que peu d'auteurs ont osé nommer *sa force morale*. C'est cette propriété que les vieux hippologues et les amateurs, que tous ceux qui ont usé du cheval noble, ont appelée — cœur, âme, feu, nerf, ardeur.... — Que de mots pour mal exprimer la même pensée, la même disposition intérieure, la même faculté ! La première expression me semble plus exacte, plus vraie, mieux appropriée ; je l'adopte.

La force morale est une faculté abstraite, une propriété insaisissable, qui accroît dans des proportions fort diverses l'énergie ou la force dont on a placé le siége dans le système musculaire ; — c'est un pouvoir qui se révèle spontanément, qui agit et produit ses effets sans aucune provocation préalable.

Il en est d'ailleurs de la force morale comme de la force musculaire. Elle existe en quantité variable et dans les différentes races, et dans les individus d'une même famille. Mais, au rebours de la puissance physique, elle paraît s'accumuler d'autant plus abondamment au sein des organes que le développement des masses charnues est moins considérable ; elle peut même être en excès dans certaines races et chez certains individus à tempérament irritable et nerveux dont on n'obtient pas alors une somme d'effet utile satisfaisante. Dans ce cas, la force musculaire n'est point en rapport avec le développement normal des diverses parties du corps ; celles-ci ne présentent plus entre elles une proportion convenable ; la machine est vicieuse, et ne fonctionne qu'imparfaitement.

En thèse générale, la puissance musculaire, prise isolément, est le propre des espèces communes, — et la force morale est plus essentiellement l'apanage des races nobles. — Plus la première domine, moins l'animal a de vivacité et d'aptitude aux mouvements prompts, mieux il est approprié au contraire aux services lents qui, par une grande masse d'effet utile, exigent un emploi long et répété du moteur. — Plus la force morale est développée, moins grande est la puissance musculaire, plus actif, plus ardent, plus vite est l'animal, mais moins résistant et plus fragile il se montre. — Combinées en proportions heureuses dans les races, suivant l'aptitude particulière à chacune, elles complètent la machine et lui donnent la perfection sans laquelle elle ne saurait produire toute son utilité. Chez le cheval trop abondamment pourvu de la force musculaire, chez le cheval lourd par conséquent, chez celui dans les tissus duquel s'accumulent en excès et la lymphe et la graisse, une marche vive, une progression rapide, dépenseraient, en peu d'instants et sans utilité aucune, plus de force musculaire qu'il n'en serait nécessaire pour la production d'une grande quantité de travail, et pour vaincre des résistances accrues au-delà même de la mesure ordinaire. — Chez le cheval trop richement doté de la force morale, chez celui, conséquemment, en qui cette faculté n'est point suffisamment soutenue par le développement des masses charnues, la lenteur des mouvements n'empêcherait pas que la fatigue fût prompte à se manifester ; l'excès du poids à transporter le réduirait donc bientôt à une impuissance absolue. Dans l'un et dans l'autre cas le moteur déploierait des forces considérables pour ne produire qu'une somme insuffisante d'effet utile.

En résulte-t-il, ainsi que l'a écrit Mathieu de Dombasle, « qu'on ne peut rien gagner en vitesse sans perdre sur la force, » et réciproquement ? » Il faut s'entendre. L'emploi des forces du cheval n'est pas soumis d'une manière absolue à cette loi de la dynamique. Les forces employées au déploiement d'une plus grande vitesse peuvent très bien n'être pas toujours compensées par le degré de vitesse obtenue ; mais il ne s'ensuit pas qu'il y ait eu perte ou non-emploi des forces. Leur dépense a été mal entendue ; elles ont produit moins d'effet utile, soit ; mais elles n'en ont pas moins été émises, consommées, et le plus ordinairement même au préjudice du moteur. La dépense des forces peut être ainsi beaucoup plus considérable dans la production d'une vitesse exagérée qu'elle ne l'aurait été pour l'accomplissement d'une très grande somme de travail exécuté avec toute la lenteur du service du roulage. La vitesse extrême de certains chevaux sur l'hipprodrome en fournit des exemples fort curieux.

Cependant ce fait n'est pas admis sans conteste. Mathieu de Dombasle en est même si éloigné, qu'il établit ce principe : « Il » y a, dans la vitesse extrême du cheval, une perte des neuf » dixièmes au moins sur l'effet utile obtenu. » Eh bien ! ceci est une erreur. Quel est donc ici l'effet utile à produire par le moteur? — La vitesse, la vitesse aussi grande, aussi exagérée que possible. Toutes les forces du moteur ont-elles été consommées par lui à cette fin? Oui, évidemment. Le résultat a-t-il été ce qu'on voulait qu'il fût? — Oui, encore. — Il n'y a donc aucune perte à constater. A la vérité, tel n'est pas le raisonnement du célèbre agronome. Il dit : « Dans la vitesse extrème des courses » de l'hippodrome, un cheval transporte son cavalier, soit un » poids d'environ 50 kilogrammes, à 4 kilomètres de distance, » dans l'espace de 4 à 5 minutes; et la fatigue qui en résulte » pour lui dépasse vraisemblablement celle qu'il éprouverait en » transportant le même poids à 40 ou 50 kilomètres de distance, » au pas et dans l'espace de 8 à 10 heures. » Encore une fois, la question ne saurait être ainsi posée. Il ne s'agit pas, en effet, de savoir si le moteur eût éprouvé plus ou moins de fatigue à produire une quantité déterminée d'efforts ou d'action dans des circonstances diverses. Le cas est bien spécifié. Il y a une carrière à fournir, un but à atteindre dans le moindre délai possible : qu'importe alors le plus ou le moins de fatigues? Que le moteur trouve en lui la somme de puissance nécessaire à la production de l'effet utile désiré, et il aura satisfait à sa tâche.

Maintenant, ma conclusion sera bien différente, si la question est autrement posée. S'agit-il, par exemple, de déterminer le mode d'emploi relativement le plus convenable, le plus rationnel, le plus avantageux au consommateur et le moins compromettant pour le moteur? Le problème n'est plus le même, et je dirais volontiers avec Mathieu de Dombasle qu'il y a beaucoup à perdre sur l'effet utile obtenu quand certaines circonstances obligent des moteurs à dépenser, pour un même résultat, pour un effet utile égal à tous égards, une somme de forces plus considérable que n'en aurait demandé la production du même travail dans des circonstances mieux combinées, plus judicieusement entendues. Alors il y a perte réelle, dépense exagérée, usure inutile et sans but. — La citation et l'appréciation facile d'un fait rendront cette proposition encore plus évidente.

« Deux colonels, rapporte M. Rostan, d'après Sinclair, avaient
» eu entre eux une longue discussion pour savoir lequel conve-
» nait le mieux, pour une longue marche au milieu de l'été, de
» se reposer la nuit ou le jour. Comme la chose était, sous un
» point de vue militaire, assez intéressante, ils obtinrent de leur
» général d'en faire l'essai. Ils partirent l'un et l'autre avec leur
» régiment et parcoururent deux cents lieues. Celui qui marchait
» le jour et se reposait la nuit arriva à sa destination sans au-
» cune perte d'hommes ni de chevaux, tandis que celui qui avait
» cru préférable de profiter de la fraîcheur de la nuit pour faire le
» chemin, et de se reposer dans le milieu du jour, perdit la plu-
» part de ses chevaux et plusieurs de ses soldats (1). »

Je ne pouvais trouver un exemple plus remarquable pour ap-
puyer mon opinion. — L'expérience est concluante en effet, car
elle s'est répétée sur un grand nombre de sujets à la fois, et renouvelée pendant 25 à 30 jours consécutifs. Elle prouve que, pour
ne produire que le même effet utile, —la même somme d'efforts,
—le moteur a néanmoins dépensé une quantité de forces beaucoup plus considérable dans un cas que dans l'autre ; qu'il y a
eu dépense inutile, fatigue extrême, et finalement usure, usure
sans nécessité : — là est la perte.

Mais faudrait-il raisonner ainsi s'il y avait eu obligation de
marcher pendant la nuit, et non pendant le jour? Évidemment
non ; et il eût fallu subir — quand même — les inconvénients du
voyage nocturne, s'il eût été le travail exigé, l'effet utile nécessaire. Je suppose maintenant qu'au lieu de cheminer séparément
les deux régiments eussent fait route ensemble, — soit le jour,
soit la nuit : — les circonstances devenant les mêmes pour tous
deux, la somme de force déployée par chacun des moteurs en
cause n'eût présenté aucune différence notable, et l'effet utile eût
été obtenu, — ou sans pertes de part et d'autre, — ou bien avec
des pertes égales pour les deux corps. Enfin la fatigue plus
grande qui a si fort éprouvé les chevaux du régiment dont le trans-

_____

(1) *Principes d'hygiène*, etc., par **J.-H. Magne.**

port s'est effectué nuitamment ne provient pas d'une perte des forces, mais au contraire d'une consommation exagérée de ces forces, que l'on n'a point su ménager. Chaque moteur, très certainement, n'a dépensé que la somme d'efforts exigée pour le travail pénible qu'on lui demandait. En le rendant moins difficultueux, on économisait l'emploi d'actions considérables, et l'on prévenait des dépenses de forces inutiles, onéreuses, sans compensation, tout en obtenant le même effet utile.

Quant à la consommation des forces dans une course à outrance, elle est excessive et ne permet aucune perte : peu de personnes, probablement, se sont rendu compte du fait. Voici donc à leur usage les résultats d'un petit calcul que l'on peut croire exact.

Si *Eclipse* a été proclamé le roi des coureurs, *Childers*, selon l'expression anglaise, était le soleil du *Turf*. Cette gazelle équestre déportait puissamment son corps à chaque bond : *Childers* parcourait 26 mètres 60 centimètres (82 pieds 1/2) par secondes, — 1,596 mètres à la minute. Certes, il faut une grande énergie pour réaliser cette vitesse.

Comptons :

La résistance opposée par l'air est une force contraire de 16 kilogrammes à très peu près par chaque mètre carré. La surface du cheval ajoutée à celle que présente le jockey ne peut guère être évaluée à moins de 5 pieds 1/2 carrés ; — c'est donc une opposition, une résistance de près de 29 kilogrammes. Si l'on veut bien se rappeler qu'elles doivent être vaincues avec une vitesse de 26 m. 60 c., on trouvera que le produit de 29 kilog. par 26 m. 60 est précisément de 2,385 kil. — Telle est la force déployée dans cet effet utile, pour parler la langue technique, telle est la dépense d'énergie que nécessite la production d'une pareille vitesse. Eh bien, cette force est sept fois plus considérable que l'effort lent d'un cheval-monstre, puissant, sur un véhicule pesamment chargé.

Il n'y a donc pas dans la vitesse extrême une perte des 9/10 au moins sur l'effet utile obtenu, ainsi que l'a écrit Mathieu de

Dombasle. Il est évident que les forces sont d'autant plus rapidement dépensées, épuisées même, que le moteur est plus pressé dans ses actions ; mais la quantité de travail est produite dans un temps beaucoup plus court. C'est ainsi, par exemple, que l'expérience a encore démontré qu'il résultait moins de fatigue pour les chevaux d'un régiment à parcourir les étapes même d'une longue route, moitié au pas et moitié au trot soutenu, que de les faire tout entières au pas. C'est que : — si d'un côté il y a plus grandes dépenses de force motrice, — de l'autre, il y a des repos plus prolongés pour réparer les pertes et accumuler au sein des organes des puissances nouvelles. Ce fait est constant, et s'applique également à tous les services journaliers qui, de leur nature, n'exigent pas une lenteur extrême, qu'on ne saurait alors demander avec avantage à des chevaux d'une construction légère.

Force et vitesse sont des qualités parfaitement différentes. En thèse générale, la force implique le poids, la masse, un grand développement proportionnel de toutes les parties du corps. — La vitesse, au contraire, suppose des fòrmes relativement élancées, sveltes, de l'élégance, de la légèreté, plus d'ardeur que de durée.

Le cheval fort est puissant, mais lourd. Le cheval vite est énergique, mais léger. Si le premier peut être puissamment chargé, il ne saurait être mené sans danger au delà d'une vitesse fort limitée. Le second ne veut pas d'un poids relativement trop considérable sous peine de ne pas produire toute la somme d'effet utile qui est en lui. Chacune de ces spécialités a son importance et trouve son emploi. Cependant, en l'état actuel des exigences de notre civilisation, elles perdent d'autant plus de leur utilité propre qu'elles s'excluent davantage. Le cheval le plus utile aujourd'hui est celui qui réunit en lui les deux natures de puissance au degré le plus favorable — soit au tirage lent, — soit aux divers services qui réclament une certaine vitesse. Il résulte de là que le cheval exclusivement fort, de même que le cheval exclusivement vite, ne sont que des exceptions ; mais que le cheval puissant à la fois et par l'un et par l'autre mérite est de plus en plus recherché au contraire. En d'autres termes, le gros cheval de trait du nord veut être allégé jusqu'à un certain point, — et notre ancien cheval du midi, si gracieux et capable, demande à être renforcé pour remplir convenablement les besoins de l'époque, pour lesquels il n'a certainement pas été constitué.

Quelles doivent donc être sa forme et sa structure? Ce qui précède le fait bien pressentir. Le cheval léger doit allier la vitesse à la force, — comme le cheval lourd doit allier la force à la vitesse. Il demeurera le cheval de selle, mais le cheval de selle aux moyennes proportions, au système musculaire énergique. Il sera cheval de luxe et ne redoutera aucune rivalité. Il se montrera ensemble et fort dans toutes ses parties, plus puissamment musclé, plus ossu, plus ferme dans ses attaches, plus précoce dans son développement. Ce ne sera donc plus le cheval chétif et serré, aux aplombs défectueux, aux proportions étroites, aplaties, réduites; au système musculaire amoindri, impuissant ; aux os minces, aux articulations faibles et par trop flexibles ; à la croissance lente, onéreuse et tardive : ce sera le cheval de cavalerie légère, capable de porter son cavalier et son lourd équipement ; le cheval aux allures allongées et souples encore ; le cheval de fond et d'haleine, plus résistant que nerveux et susceptible ; le cheval à forte structure et aux actions rapides, propre à tous les services en quelque sorte et que tout le monde réclame ; le cheval qu'on ne trouve encore que par exception ; celui que sa construction place, comme intermédiaire, entre le cheval trop léger aujourd'hui des différentes parties du midi de la France, et le carrossier du nord, qui ne remplit pas suffisamment bien la destination du cheval de selle, car il n'en a ni le mérite ni la conformation. Tel est le modèle arrêté sur lequel il faut calquer le cheval léger, car tel le réclament les divers services qui l'emploient. Trop lourd, une partie de la force musculaire nécessaire à la production du travail serait détournée au profit du transport du moteur lui-même, sans résultat pour l'effet utile ; — trop léger, au contraire, il n'offrirait plus assez de résistance au poids à porter, la fatigue serait trop prompte et le travail insuffisant.

En rapportant à cette alliance de la force musculaire et de la force morale en proportions heureuses tous les éléments de la valeur du cheval, je n'entends pas négliger la source même de l'une et de l'autre puissance, savoir : — le sang ou l'origine ;— les transmissions héréditaires ; — les habitudes générales d'alimentation et d'élevage, lesquelles dépendent essentiellement de la nature du sol, de l'état avancé ou arriéré de l'agriculture ; — l'action efficace ou malencontreuse de l'homme, déterminant au moyen de l'art des combinaisons nouvelles et tout à fait inattendues ; — enfin, les formes extérieures, dont les bonnes proportions et l'heureux agencement peuvent toujours faire présumer une conformation intérieure correspondante.

III.

L'origine, — ou l'influence du sang, — acquiert une importance d'autant plus grande qu'il s'agit d'une race plus élevée sur l'échelle équestre, dont le sommet est naturellement occupé par la race arabe, souche de toutes les autres, qui n'en sont que des émanations diversifiées par les climats et mille positions changeantes.

Étudié dans ses propriétés vitales, dans ses caractères physiques et dans sa composition intime, le sang de la race primitive, de la race la plus noble, s'est aussi montré le plus riche, le plus chaud, le plus puissant ; il renferme l'élément aqueux en plus petite quantité que celui d'aucune autre famille, et, par contre, une plus forte proportion des globules albumineux qui nagent dans la partie séreuse en nombre variable, non seulement en raison de la richesse ou de la pureté du sang, mais encore en raison de la condition physiologique des individus ; les composés salins y sont aussi plus abondants, et, sorti des vaisseaux qui le charrient dans tous les organes, qui le déposent dans tous les tissus, il conserve plus long-temps sa fluidité, les caractères de la vie, et

résiste plus qu'un sang moins généreux aux causes de destruction physique, de dissolution de ses éléments divers.

Cette supériorité du sang n'existe et ne se conserve que dans
un petit nombre de familles équestres privilégiées, soumises à
des influences heureuses de climat, d'alimentation et de soins :
l'art lui vient puissamment en aide lorsque les circonstances lui
sont moins favorables. Au milieu des causes affaiblissantes, les
éléments de cette supériorité perdent de leur importance ; l'élément séreux domine bientôt dans la composition du liquide, le
nombre des globules s'amoindrit, la masse du sang s'appauvrit,
et la machine entière est atteinte dans ses conditions de force, de
résistance, de durée, dans sa vitalité en un mot : c'est une loi
de nature.

La pureté du sang est donc la source, le principe de cette
force morale dont l'accumulation en proportion convenable
est l'un des résultats les plus essentiels d'une production bien
entendue et d'un élevage judicieux.

Si la théorie est vraie, si elle n'est point un caprice de l'imagination ou une erreur de la science, l'amélioration doit naître
et se développer successivement dans le mariage des mâles d'une
race pure, c'est-à-dire douée d'un sang plus riche en globules,
avec des femelles dont le sang, moins heureusement doué, est
pauvre, froid, trop aqueux. Par les alliances, en effet, la richesse du sang augmente chez les produits. Elle est moindre
que chez le père, mais plus grande que chez la mère ; et cette
supériorité, qui se révélera dans l'action, dans l'emploi du cheval, se trahit déjà au dehors à la simple inspection des sujets,
comme elle est encore autrement démontrée par la science du
chimiste lorsqu'il s'occupe de l'analyse quantitative des éléments
organiques du sang.

Ce n'est donc point une expression vaine et creuse que celle
de *pur sang*, par laquelle on désigne les animaux de races pures,
qu'une éducation à part a maintenues au sommet de l'espèce :
elle a donc sa valeur et son fondement ; elle ne peut plus être
un terme abstrait, une chose de convention ou de mode, une

opinion bizarre, une idée extravagante, comme beaucoup l'ont dit et comme quelques uns l'écrivent encore aujourd'hui.

Oh ! certes, le pur sang existe... Mais vous qui n'y croyez pas, avez-vous vu le regard du cheval arabe, et la flamme de ce fier regard transmise à l'œil de ses fils anglais ? Pourquoi, dites, la prunelle d'un poulain de notre vieille Europe semble-t-elle éteinte près de celle des étalons d'Orient ? Expliquez cela, ou, sinon, au moins croyez-le.

Le pur sang !... mais c'est le principe de la force et du courage. En lui réside le germe indestructible de toutes les qualités intimes du cheval noble, du cheval-père ; c'est la source précieuse, féconde, intarissable, de toutes les améliorations ; c'est la beauté absolue, la grâce, la puissance ; c'est l'assemblage de toutes les perfections ; c'est encore quelque chose que l'amateur sent beaucoup mieux qu'il ne peut dire.

Aussi bien puis-je le matérialiser et le faire toucher du doigt à ceux qui voudraient être incrédules jusque là. Voyons donc.

Le sang est le résultat de toutes les absorptions, soit cutanées et muqueuses, soit intérieures et interstitielles. Il renferme à la fois et les matériaux introduits dans l'organisme, et ceux qui, altérés par le mouvement vital, ne pourraient plus en faire partie sans danger. Il est dépourvu de structure, ce qui lui a fait refuser la vie pendant long-temps ; mais il la possède évidemment, lui qui la donne à tout dans l'organisme, lui donc les réactions intestines sont dans un exercice continuel, lui qui, à l'instar des organes les plus vivants, est agité d'un mouvement moléculaire comme spontané, par lequelle il augmente sa substance, ou la diminue, ou la renouvelle ; lui qui offre les trois grands phénomènes qui sont les effets de ce mouvement : — l'absorption, — l'assimilation — et la sécrétion. Ne l'a-t-on pas appelé enfin de la *chair coulante*, expression admirée, mais incomplète, sinon inexacte ? car le sang, c'est plus que de la chair coulante, c'est la trame organique tout entière à l'état liquide, et tous les solides, quels qu'ils soient, ne sont que du sang modifié.

Qu'est-ce donc que le pur sang ? sinon—la densité, le poids,

la compacité de l'os ;—l'élasticité, la force de la fibre musculaire,
l'énergie de ses contractions ; —la résistance du tendon , son volume, sa netteté ; —la puissance des attaches ou des ligaments ;
—l'ampleur, le volume , la solidité de tous les viscères , de toutes les membranes , de tous les canaux dont le tissu ou la trame
se montrent si énergiques ; — le développement du cerveau ,
source de l'intelligence , de la force morale , des plus brillantes
qualités ;—la perfection des sens, dont les instruments ne sauraient alors être ni grossiers ni imparfaits ; — la richesse du
tempérament sanguin allié à des nuances heureusement combinées
de quelques uns des avantages inhérents aux prédominances ner-
veuse et musculaire ; — la hardiesse de la pose ;—l'assurance,
la vivacité , la fierté du regard ; — la finesse de l'enveloppe extérieure et le soyeux des longs crins qui tombent de l'encolure ou
garnissent le fouet ; — une sensibilité exquise ; — l'harmonie
des formes et de structure générale qui , dans l'ensemble , résulte
nécessairement de toutes les perfections de détails ; — et enfin,
pour tout résumer en un mot , la plénitude de la vie observée
sur l'un des chefs-d'œuvre de la création.

Oui , voilà bien les caractères du sang chez le cheval pur...
Voyons maintenant quelles différences naissent de sa dégénération , des changements qui surviennent dans la combinaison ou
la proportion de ses éléments divers , par suite de l'existence du
cheval dans des conditions défavorables à la conservation de sa
noblesse et des hautes qualités natives. Comparons le tableau
qui vient d'être esquissé avec celui qui est offert par l'animal
abâtardi , — l'antipode du cheval de pur sang.

Ici , — l'air humble et triste , morne , hébété, stupide ;—l'œil
éteint ; — les formes grossières , empâtées , disjointes, disgra-
cieuses ; — la démarche lente et traînée ; — la pose apathique et
négligée , suant la mollesse par tous les pores. — L'intérieur de
cette machine est tout aussi défectueux : —peu de vitalité dans
les différents organes ;— indolence extrême dans toutes les fonctions ; — prédominance de l'élément aqueux dans le sang ; —
abondance d'une lymphe épaisse et d'une graisse jaune et mollas-

se, véritable rouille animale qui assiége, pénètre, abreuve tous les tissus, engorge tous les canaux, obstrue toutes les voies, embarrasse tous les mouvements et dégrade le moral autant que le physique est relâché... Peut-il donc y avoir là de la force, de la volonté, de l'énergie morale ou de la puissance? — Non : — c'est encore de la vie, mais de la vie sans chaleur.

Eh bien! si on lui permet de se reproduire, quelle sera l'action d'un pareil être sur sa descendance? La réponse est facile. — Son sang appauvri ne saurait communiquer aucune qualité à ses fils, et si la dégénération n'augmente pas, c'est qu'elle aura atteint son plus bas période.

L'origine, la race, le sang, constituent donc l'un des principes les plus essentiels de la valeur du cheval. Tous les services, tous les emplois, n'en réclament pas, chez le moteur, le même degré, la même dose, si je puis m'exprimer ainsi ; mais toutes les spécialités en veulent une certaine proportion que l'expérience apprend bientôt à déterminer.

IV.

Deux écrivains allemands ont défini avec bonheur la procréation des êtres : la continuation de la croissance de l'organisme des ascendants, d'où résulte une nouvelle vie, qui n'est que la fusion des vies du père et de la mère en formant une troisième.

L'hérédité, ou le pouvoir de transmettre à d'autres, par voie de génération, ce que l'on possède, est donc une loi de nature.

Cette loi assure la permanence des espèces, et la conservation des caractères généraux chez le grand nombre des individus formant race, famille à part : ces caractères sont — la constance et l'homogénéité. Elle est le point de départ de toute amélioration ; elle est aussi la source de toute détérioration.

Les semblables, sauf de rares exceptions, produisent leurs semblables. Tel est le principe fondamental. Il n'exclut aucune faculté, aucune qualité, aucune forme bonne ou mauvaise, aucune spécialité, aucun défaut, aucun vice. Il peut les répéter tous avec la même certitude, car tous sont soumis à des lois communes dépendantes elles-mêmes des fonctions de la vie. Seulement, il faut toujours être à la recherche et à la poursuite des qualités supérieures qui rapprochent les êtres du plus haut point de perfection qu'il leur soit donné d'atteindre, — et toujours repousser les imperfections et les défectuosités qui tendent sans relâche à la dégénérescence, à la détérioration des individus et des races. Il faut des soins pour améliorer, il en faut pour conserver. Plus un objet est précieux et plus il veut être traité avec ménagement. Pourquoi les mauvaises plantes reviennent-elles toujours dans nos champs et dans nos jardins, malgré tous les efforts et en dépit de la destruction qui les poursuit? Pourquoi les préjugés, qui sont les mauvaises herbes de l'esprit humain, sont-ils aussi difficiles à extirper? Les bonnes espèces, dont la culture est si coûteuse, ne se maintiennent qu'à la faveur de travaux intelligents et toujours renouvelés; elles disparaîtraient étouffées sous la végétation plus hâtive et plus puissante des espèces inutiles ou nuisibles, qui les envahissent si aisément. Ainsi la reproduction des qualités élevées est entravée par de nombreux obstacles, et a toujours besoin d'être fortement secourue. Ainsi les facultés solides et brillantes, alors même qu'elles prédominent chez les ascendants, sont toujours prêtes à céder la place à des vices de conformation, à obéir aux effets d'une véritable dégradation morale. Aussi trouve-t-on bien rarement la perfection, tandis que la médiocrité est partout et nous frappe à tout instant.

C'est que le bien et le mal luttent sans cesse l'un contre l'autre, et dans le monde moral, et dans le monde physique. Les beautés — ou natives ou acquises — dont rien n'a altéré la pureté se transmettent de génération en génération, comme les imperfections se perpétuent, lorsque le concours des circonstances qui les ont fait naître tend incessamment à les propager.

Au reste tout le monde est d'accord sur la transmission des ascendants aux produits. C'est un fait tenu pour constant, et l'observation le répète chaque jour. On est moins touché de la transmission héréditaire, toute aussi constante néanmoins, de ressemblance dans les différents organes. Cependant un père donne tous les jours à ses extraits, un cerveau, un cœur, des poumons, un foie..., plus ou moins développés, plus ou moins irritables, plus ou moins puissants; cela est incontestable. Pourquoi donc ne léguerait-il pas de même une certaine hérédité dans le mode d'excitation des fonctions de ces organes?... Est-ce que les chevaux d'une même famille, d'un même pays, d'un même haras, si l'on veut, n'offrent pas entre eux des ressemblances organiques remarquables sous le rapport des qualités fondamentales, intimes, de la race, tout aussi bien que sous le rapport des formes extérieures, par exemple? Serait-il donc si hors de raison d'avouer que ces particularités distinctives peuvent dépendre de la puissance héréditaire? Un poulain ne peut-il avoir emprunté à ses auteurs, par exemple, une force d'assimilation des aliments égale à celle qu'on avait pu remarquer chez son père ou chez sa mère? Est-ce que certains animaux ne sont pas d'une nature à part, d'un entretien extrêmement facile de père en fils?

Pourtant on conteste le fait, et l'on va même si loin dans cette opinion, que l'on refuse *au sang*, — l'élément générateur de toute organisation, — le pouvoir héréditaire qui lui donne tant d'influence, tant de supériorité dans l'acte reproducteur.

Je n'ai plus besoin d'expliquer cette expression — *le sang.* — Je lui ai donné une signification précise et élevée, celle qu'elle doit avoir dans le langage de la science. Je puis donc continuer sans crainte qu'on m'arrête sous prétexte de me demander raison.

Eh bien, n'est-il pas logique d'accorder au sang des reproducteurs toute influence heureuse ou non, tout pouvoir efficace ou nuisible, suivant qu'il sera riche ou pauvre?

Que se passe-t-il donc dans l'œuvre de la copulation? Deux êtres de sexes différents sont unis, — unis dans le but de la reproduction. — L'un a réuni en soi les éléments du germe : — l'autre possède dans des organes particuliers la liqueur la plus pure et la mieux élaborée de toutes celles de l'économie, et pourtant cette liqueur elle-même n'est que le grossier véhicule d'une *aura seminalis* d'une incroyable subtilité. Les matériaux du germe comme ceux du sperme ont tous été apportés par le sang.

Ceux de la liqueur séminale ont souvent été repris par le mouvement circulatoire et reportés au sein des organes pour en augmenter la force et la vie... Comment donc le sang n'aurait-il pas
toute action , toute puissance dans l'acte de la génération ? Où
serait alors le principe d'hérédité ? Le fait même de la copulation
ne donne , tout formés, ni les os , ni les chairs ; il ne produit ,
entiers , ni le cerveau , ni le cœur, ni les poumons, ni aucun
organe quelconque ; il en transmet le principe, car il les contient
tous , et nul ne se développera en dehors de son influence.

Le phénomène le plus difficile à comprendre, celui que l'on ne
tente même pas d'expliquer, tant il est ténébreux , c'est la production du germe. Mais est-il besoin de trouver cette explication ? Se rend-on plus facilement compte de la présence de cette
aura seminalis qui donne la vie au germe et détermine la conception ? Une fois l'existence du germe admise, il n'y a plus sur
la génération de difficulté particulière. Tant qu'il adhère à sa
mère , il est nourri comme s'il était un de ses organes, et une
fois qu'il s'en détache , il a lui-même sa vie propre , qui est, au
fond , semblable à celle de ses auteurs.

Cependant le germe, l'embryon, le fœtus, le nouveau-né, ne
sont jamais parfaitement de la même forme que leurs procréateurs. C'est qu'en effet mille circonstances sont venues modifier
les influences sous lesquelles les ascendants ont été engendrés
eux-mêmes et se sont développés aux différentes phases de leur
vie utérine et extra-utérine. Il en résulte des déviations ordinairement légères, — d'autres fois étranges, — des caractères physiques et du caractère moral, des dissemblances individuelles que
le principe d'hérédité pourra même reproduire si l'action de
causes semblables en favorise la répétition , sa transmission
par l'acte générateur.

C'est à cette variation du type primitif que nous devons nos
races diverses et toutes leurs variétés. Elle nous a révélé un
pouvoir nouveau, un don de création si je puis dire ; elle nous
permet de remanier toutes nos espèces, de leur faire perdre l'empreinte actuelle, de les modifier et de les refondre à notre guise,

selon nos besoins et nos intérêts ; elle nous a conduits à cette découverte que l'organisation animale est chose ductile , matière souple , capable de prendre toutes les formes et toutes les dimensions ; c'est un morceau de cire obéissant à l'intelligence qui sait le chauffer à point pour le pétrir à son gré.

Malheureusement cette puissance est encore incomprise. A voir l'obstination que l'on met à produire toujours suivant la même routine , sans profiter aucunement des préceptes de la science , des leçons de l'expérience , des calculs de l'intérêt , il semblerait que les producteurs soient dans l'obligation absolue de s'en tenir invariablement à ce qui a été, à ce qui est. Il n'en saurait être ainsi. Lorsqu'une race ne répond plus aux exigences de la civilisation, lorsqu'elle a cessé d'être appropriée aux services divers , elle a cessé d'être capable et productive. Son défaut d'aptitude la fait bientôt abandonner ; elle vieillit, elle perd chaque jour de son utilité , de sa valeur ; elle tombe en désuétude ; il y a perte à s'en occuper, à la reproduire..., et , quand les choses en sont là, on crie à la dégénération... Est-ce donc là de la dégénération ? Non , c'est de l'immobilité.

Le premier symptôme d'affaiblissement d'une race est dans une recherche moins active , bientôt suivie de la vileté des prix maintenant à peine offerts de ses produits. Si l'agriculture ne profite pas de cet avertissement , c'en est fait. Les pertes se succèdent rapidement ; le découragement naît du malaise : c'est une industrie désormais très difficile à relever, à ramener à un état prospère. Eh bien ! à qui s'en prendre ? — Le producteur accusera le consommateur, et vous entendrez le consommateur, dont les besoins ne sont pas remplis, se plaindre du producteur. Oui, c'est bien cela ; mais nul ne fera rien pour changer la situation et remédier au mal. Celui-ci demeurera imperturbablement au point où il a échoué , — l'autre trouvera de nouveaux fournisseurs et portera ailleurs l'excitation puissante que toute industrie rencontre dans tout débouché avantageux. Le consommateur obtient ainsi toujours satisfaction. Il n'en est plus de même de l'industrie qui produit. Elle tombe et s'anéantit lorsqu'elle ne sait pas reconnaître à temps et adopter avec convenance les modifications de formes et de structure générale que le consommateur recherche chez les animaux qu'il emploie.

La production s'est rarement éclairée des besoins généraux et spéciaux qu'elle était appelée à remplir. Le plus ordinairement elle a travaillé au hasard, sans préoccupation aucune de ce qui se passait autour d'elle, des mille et un changements qui surviennent incessamment et qui se succèdent sans relâche dans les exigences du présent, toujours prêt à fuir. Elle n'a guère su modifier ses vues, changer ses procédés, transformer ses produits selon les temps. Le plus souvent donc elle s'est trouvée attardée faute d'une bonne direction. Or la meilleure de toutes consiste à reconnaître les qualités les plus recherchées au temps pour lequel on opère, car ces qualités sont toujours les plus utiles en ce qu'elles sont toujours les mieux rétribuées.

Un jour arrive pourtant où l'on se trouve si fort en arrière, où l'on souffre à tel point de n'avoir pas été plus alerte et mieux avisé, que, sans mesurer la distance qui les sépare maintenant de ceux qui ont continué à marcher, les retardataires se mettent à l'œuvre et tentent de rejoindre ceux-là qui les avaient laissés en chemin. Ils se précipitent aveuglément à la suite, mais sans avoir au préalable ni reconnu les difficultés ni sondé les écueils. La race sur laquelle ils opèrent n'est pas mûre pour les brusques changements qu'ils veulent lui imposer, rien n'est prêt autour d'elle, tout s'y trouve d'un autre temps fort éloigné déjà, et un grand insuccès couronne d'ordinaire de stériles efforts...

Je m'arrête. Je ne poursuivrai pas ici cet ordre d'idées. J'y reviendrai en temps et lieu. Peut-être ai-je déjà trop long-temps oublié qu'il s'agissait de la loi d'hérédité, étudiée comme élément de la valeur du cheval.

Il en est de l'organisation animale comme de l'organisation sociale. Ce n'est pas une loi unique, mais tout un ensemble de dispositions législatives, qui régit les peuples. De même, les lois de la vie sont multiples. Les influences respectives de chacune d'elles ne se font pas sentir à un égal degré sur les diverses parties de l'organisme, et leur action même varie suivant des circonstances qui ne sont pas toujours soupçonnées , mais dont les résultats sont toujours dévoilés au bon observateur par l'expérience et les faits.

Aussi calcule-t-on bien plus exactement, beaucoup plus sûrement, l'arrangement des formes, le degré d'amélioration, les modifications diverses qui devront sortir de l'alliance de deux individus de même race,— l'un supérieur, l'autre médiocre , — mais soumis tous deux jusque là , et depuis une longue suite de générations, aux mêmes influences générales, qu'on ne le pourrait faire dans le mariage entre animaux de races différentes. Dans ce dernier cas les conditions ne sont plus les mêmes. Une lutte s'établit entre deux puissances différentes , la plus ancienne et la mieux fondée l'emporte : mais le résultat n'est pas aussi simple. Il ne s'agit ici ni d'un vainqueur ni d'un vaincu. En se combattant réciproquement, les deux genres d'influence perdent l'un et l'autre de leur ascendant, de nouvelles combinaisons se forment , et , si l'équilibre n'est pas maintenu entre toutes les forces , si l'alliance ne s'opère pas d'une manière heureuse entre les éléments en présence, il en sort des oppositions violentes et heurtées , il en résulte les disparates les plus choquantes, des mélanges bizarres et informes. Telle est l'explication la plus satisfaisante , semble-t-il au moins , des nombreux mécomptes éprouvés par beaucoup d'éducateurs qui ont voulu, — ou régénérer, — ou changer leurs races d'animaux par l'introduction d'un sang étranger, sans en avoir médité les chances d'insuccès ou de réussite. Au surplus, et quoi qu'il arrive, le résultat — en plus ou en moins — est toujours inévitable aux premières générations lorsqu'il y a entre les deux races que l'on veut mêler à certains égards une grande disparité de formes, une différence notable dans les aptitudes, et peu d'analogie dans les habitudes de régime, de culture et d'emploi. Et c'est précisément alors que naît le plus complet découragement. Plus les produits obtenus s'éloignent du but que l'on s'était proposé, et plus vite on se hâte de répudier les éléments dont on avait commencé à se servir pour en faire intervenir d'autres dont on n'a pas mieux calculé l'action ou le succès.... Et l'on s'étonne de ne pas réussir ! Au fond de ces métissages incohérents il ne saurait y avoir que confusion et désordre, puisque tous les éléments en sont hétérogènes.

Le principe d'hérédité n'est donc pas plus absolu que le principe du sang ; il a sa force comme l'autre a sa puissance. Ils luttent également l'un et l'autre contre les influences qu'on leur oppose ; mais ils n'en triomphent qu'avec le temps, et par un concours de circonstances qui, au lieu de les affaiblir, soit apte au contraire à les fortifier.

Ceux-là donc se trompent étrangement qui dans les questions d'amélioration ne voient exclusivement — ou que le sang, — ou que la transmission fidèle des formes extérieures et des qualités internes. Si le problème avait eu cette simplicité dans les termes, la solution en eût été facile dans tous les temps, et les fautes contre toutes les règles n'eussent pas été commises aussi nombreuses.

V.

Le choix des reproducteurs contient en lui les deux sources d'amélioration et de progrès — ou de dégradation physique et morale — qui viennent d'être étudiées. Le sang et l'hérédité sont des influences très voisines. Elles peuvent bien se combattre réciproquement lorsqu'on les oppose l'une à l'autre dans une opération de croisement par exemple, quand, par l'acte reproducteur, des sangs différents doivent être mêlés et donner des métis ; mais elles se fortifient et tendent à un but commun quand on allie entre eux des individus de même race ou de même sang.

Les habitudes générales d'alimentation et d'élevage forment un genre d'influence très actif, très puissant et d'un ordre complétement différent. Dans toutes les introductions de races étrangères, il forme obstacle à la réussite. C'est l'écueil contre lequel sont venues échouer la plupart des tentatives d'amélioration au moyen du croisement, et presque tous les essais de culture d'une race d'élite toute faite, hors des influences — ou naturelles ou artificielles — dont elle résumait les forces et la valeur.

Par habitudes générales d'alimentation et d'élevage, j'entends tous moyens, tous procédés usuels de nourrissage comprenant la nature des aliments, les modifications que leur font éprouver la préparation, leur quantité, leur qualité, leur mode d'administration, leurs effets spécifiques surtout ; — j'entends encore les influences résultant du sol et du climat, celles que détermine l'ensemble des conditions physiques et naturelles nécessairement attachées à chaque point du globe, — et enfin celles qui découlent forcément de l'état cultural du pays.

Ces diverses influences se touchent ; elles combattent toujours ensemble. Elles peuvent être favorables, elles sont plus généralement contraires. Dès que l'art vient de les modifier, elles rentrent dans un autre ordre de causes que j'examinerai bientôt ; elles dépendent davantage alors de l'action immédiate de l'homme.

Nul, que je sache, n'a jamais songé à nier l'influence des aliments sur l'organisation animale. Par leur conversion en chyle et en sang ils renouvellent à chaque instant les parties moléculaires qui se détachent sans cesse de tous les points de la machine. Le régime est donc tout-puissant... Son action s'appesantit défavorablement ou se fait sentir bienfaisante au dedans comme au dehors, — sur les caractères physiques comme sur les qualités morales. S'il en était autrement, les influences du sang, celles de la loi d'hérédité, maintiendraient invariablement, sur tous les points à la fois, chaque nouveau venu dans une espèce quelconque exactement dans les mêmes formes et dans les mêmes dimensions, avec les mêmes aptitudes et les mêmes imperfections, avec la même valeur élevée ou basse. Tout dernier-né représentait ainsi toujours la copie fidèle et inaltérable du modèle extérieur et du moule intérieur sur lesquels ont été formés tous ceux qui ont suivi le premier couple dans chaque espèce. Il n'en est point ainsi, loin de là. Chaque nouvelle copie, chaque exemplaire nouveau, invariablement modelé pourtant sur le prototype général de l'espèce, semble malgré tout, « en se » réalisant, s'altérer ou se perfectionner *par les circonstances ;*

» en sorte que, relativement à de certaines qualités, il y a une
» variation bizarre, en apparence, dans la succession des in-
» dividus, et en même temps une constance qui paraît admira-
» ble dans l'espèce entière. » (*Buffon.*)

Eh bien! ces circonstances qui modifient les animaux, tantôt heureusement et d'autres fois d'une manière fâcheuse, sont toutes — dans la condition physiologique des procréateurs au moment de leur union — et dans l'influence toujours agissante des agents extérieurs, de l'air, des aliments, du sol... Aussi la structure des herbivores en général et du cheval en particulier dépend essentiellement de la nature des végétaux dont ils se nourrissent. — L'alimentation les modifie aussi puissamment, au physique et au moral, que la culture modifie profondément les plantes. Si l'agriculture permet d'accroître la taille, le volume, les facultés nutritives de ces dernières, elle donne aussi le moyen d'augmenter ou de restreindre l'ampleur des formes chez les animaux, de développer ou d'éteindre l'énergie vitale au sein même de l'organisme. Ainsi tout s'enchaîne ici, tout se trouve dans une corrélation parfaite. Les composés-animaux tiennent de la nature des composés-végétaux d'où ils sont extraits ; mais ceux-ci, ne l'oublions pas, participent essentiellement des qualités du sol sur lequel ils croissent : — riches, si le sol est naturellement fertile ou soumis à des procédés agricoles rationnels ; — pauvres, au contraire, si le sol est maigre ou mal cultivé.— Dans le premier cas, une végétation active, abondante en sucs nutritifs et dotant puissamment l'animal qui en use ; — dans le second cas, des produits avortés, de médiocre valeur, et ne donnant que des individus faibles, chétifs, dégradés.—Dans le premier cas encore, les animaux résistant parfaitement aux conditions défavorables du climat, et, dans le second, ceux qui ne succombent pas aux causes de destruction qui les étreignent de toutes parts, revêtant toujours la livrée de la misère.

Ces deux genres d'influence ne sauraient donc être isolés en l'état actuel des choses, puisqu'ils réagissent sans cesse l'un sur l'autre.

—Les influences du climat et du sol étaient toutes-puissantes autrefois, au temps où l'art ne savait encore imprimer aucune forme, aucune aptitude, aucune spécialité nouvelle aux animaux. Chaque individu demeurait donc fatalement abandonné à l'action exclusive des agents extérieurs qui pesaient alors de toutes leurs forces sur l'organisation et l'enchaînaient à vrai dire à l'indigénat. De là ces physionomies particulières, ces caractères à part, ce cachet distinctif, qui différenciaient d'une manière si tranchée les différentes races véritablement indigènes à la France. Chacune d'elles était en quelque sorte le produit-né du sol, le résultat forcé des influences climatologiques non contrariées de chaque province ; la résultante des forces physiques de la localité, leur résumé logique, la suite toute naturelle de leurs combinaisons diverses. Mais, du moment où un élément étranger est introduit, où d'autres forces sont ajoutées aux premières pour les contrarier ou les changer, pour établir des combinaisons différentes entre elles, oh ! alors les résultats varient, et des modifications — ou légères ou profondes — sortent de ce nouvel ordre de faits. Les influences nouvelles exercent leur part d'action, elles déterminent des effets nouveaux en dépit de toutes les résistances opposées par les vieilles influences d'autant plus puissantes qu'elles règnent toujours de la même manière et qu'elles ont pour elles la sanction du temps. Les modifications apportées à la forme, aux qualités, aux caractères primitifs, sont lentes à se produire, ou se réalisent promptement en raison de la force laissée aux anciennes influences, ou de l'activité plus grande donnée aux nouvelles. — Au début, beaucoup d'incertitudes, beaucoup d'oscillations, et plus tard, à la faveur de la persévérance, plus de fixité, plus de constance, plus d'homogénéité.

Les seules influences du sang et de l'hérédité, apportées par une race étrangère, paraissent insuffisantes contre les forces composées du sang, de l'hérédité, de l'alimentation et de la localité, lorsque d'ailleurs elles se montrent contraires. La lutte entre ces puissances est alors inégale. La plus faible succombe, l'indigénat l'emporte. Mais que l'art vienne en aide aux pouvoirs du sang et de l'hérédité, qu'il modifie seulement l'une des forces contre lesquelles ils combattent, que le sol soit différemment cultivé par exemple, qu'il soit fertilisé s'il est pauvre et aride, qu'il en sorte une nourriture nouvelle et variée, substantielle et riche, quand elle était rare et maigre, — et les conditions cessent d'être défavorables aux influences étrangères, lesquelles développent alors avec plus de liberté les germes d'amélioration qu'elles ont mission d'introduire dans la race locale.

Je crois avoir fait une large part à l'influence de l'alimentation. Elle est forte et puissante, plus prompte qu'aucune autre certainement à produire des modifications de forme et de volume. Je voudrais pouvoir pousser assez loin son étude pour apprécier convenablement les effets spécifiques propres à chaque aliment en particulier ; elle offrirait l'avantage de déterminer *à priori* à l'aide de quelle espèce de nourriture, au moyen de quelles combinaisons nutritives on réaliserait, dans le moins de temps, telles formes particulières, telle aptitude spéciale, telle qualité, tels produits, tels bénéfices. La science n'en est pas encore là. Mais l'observation a déjà ouvert cette voie et préparé de nouvelles et importantes découvertes.

Ce n'est pas à dire pourtant que, dans la production animale, il faille tout rapporter à cette unique influence, que toutes les combinaisons de la valeur du cheval se trouvent exclusivement au fond du régime alimentaire qu'on lui accorde. Ne faisons pas de cette influence, toute grande et forte qu'elle est, une autre panacée universelle. N'accordons pas à l'influence du sang la suprématie absolue qu'on lui conteste avec raison : j'ai, pour mon compte, évité l'erreur en resserrant son action dans les limites que lui assigne la science ; mais n'allons pas commettre la même faute en élevant à sa place une influence unique, celle des aliments, ainsi que le voudrait Mathieu de Dombasle.

L'influence du climat a long-temps trôné aussi, et sans plus de justice. L'absolutisme a fait son temps. Il ne saurait s'appliquer aux choses qui nous occupent. Les influences ont toutes leur importance. Celle qui, dans un cas donné, domine les autres, est celle que les circonstances — naturelles ou artificielles — appuient et protégent le plus fortement. Mais toutes, par bonheur, sont dans une dépendance mutuelle. Or c'est cette dépendance qui rend possible — l'affaiblissement de celles qui feraient obstacle à nos vues , — et l'augmentation de puissance de celles dont le concours doit être efficace , — double moyen d'action dont se trouve heureusement armée l'intelligence de l'homme.

Dans l'opération du croisement des races , le sang étranger que l'on veut faire passer, en proportion plus ou moins considérable , dans les veines de la race indigène , lutte contre une influence de même nature. Le sang de la race croisée forme donc le premier obstacle. — Il en est de même de l'hérédité. Les formes de la mère tendront à se reproduire absolument comme les formes du père. En supposant à ce dernier une puissance de reproduction plus élevée, due à la supériorité de son origine, le fruit de cette alliance conservera plus d'affinité avec le mâle qu'avec la femelle. Le résultat inverse se produirait nécessairement dans des circonstances opposées. Ainsi dégagé, le fait est simple et d'une compréhension facile pour tous. Ce qui le complique évidemment dans la pratique, c'est que l'on ne tient pas compte des difficultés que présentent à la réalisation des modifications projetées ou des perfectionnements poursuivis — les influences non contrariées, non changées, sous lesquelles a vécu celui des deux reproducteurs qui est resté dans sa sphère. Là , ces influences ont leur source dans les habitudes générales d'alimentation et d'élevage. Or , je l'ai dit, elles dépendent essentiellement de la nature et des propriétés du sol , de l'état avancé ou arriéré de l'agriculture , des qualités bonnes ou mauvaises des aliments, de leur abondance ou de leur pénurie, etc., etc. Dans un cas de croisement, elles ne sont plus combattues par des influences correspondantes ; l'animal importé s'en trouve dépouillé. La lutte établie sang contre sang , hérédité contre hérédité, ne se produit donc plus avec le même avantage pour la race introduite , dès qu'il s'agit des autres influences non compensées.

Il suit de là que, pour n'être pas trop lents à se produire , les résultats de l'importation d'animaux étrangers à une localité et à une race doivent être favorisés dans leur développement par un concours de circonstances extérieures qui placent les produits de cette combinaison dans un milieu le moins dissemblable possible de celui dans lequel ont été tenus les producteurs employés. Il ne faut pas songer à une similitude complète. Les influences de la localité ne sauraient guère être modifiées au delà de certaines limites, et leur action est à la fois plus occulte et moins appréciable. Mais le mode d'alimentation, mais les mesures d'hygiène générale et individuelle, sont faciles à introduire partout. En les rendant autant que possible semblables, la tâche sera plus aisée, la réussite plus certaine. En ne contrariant pas cet ordre d'influences dont il faut bien admettre la force, on lui laisserait une prédominance qui ferait nécessairement échouer l'opération, car il ne saurait guère reproduire que ce qu'il a déjà produit. Eh bien ! c'est précisément ce produit que l'on veut modifier, que l'on essaie d'améliorer. Le tenterait-on si la race locale répondait aux besoins du moment, si elle remplissait sa destination avec convenance? Non, sans doute. Dès qu'elle est résolue, il faut donc entourer l'opération de tous les auxiliaires indispensables à sa réussite prochaine ou éloignée, la débarrasser au contraire de toutes les entraves qui en compromettraient le succès.

Les influences de l'alimentation, suivant qu'elles seront favorables ou opposées, décideront par conséquent des avantages ou des pertes.

En les considérant de ce point de vue élevé, je restitue à ces influences leur valeur réelle et leur véritable importance. L'illustre agronome dont le nom s'est déjà plusieurs fois trouvé sous ma plume, tout en voulant constater leur supériorité sur toutes les autres, ne me paraît pas les avoir placées aussi haut. En effet, s'il y a justice à dire qu'un régime abondant, qu'une nourriture riche de principes alibiles, sont une condition *sine qua non* de toute amélioration dans les races, il n'y a pas la même exactitude dans cette assertion : la valeur commerciale de diverses espèces de chevaux est généralement en rapport avec la quantité de substance alimentaire consommée par chaque cheval pour le produire. Dans ce raisonnement on saisit bien plutôt les calculs parfois un peu étroits de l'économiste que les combinaisons intéressées de l'éducateur, et surtout que les préoccupations scientifiques du naturaliste et de l'homme de cheval. Ces calculs deviennent d'une immense utilité dans le perfectionnement des races; ils sont hors de propos quand il s'agit de leur création, de leur remanîment complet. Ce n'est pas en liardant que Bakewell a fait des prodiges.

Importer une race perfectionnée (et la perfection n'existerait pas sans la part des influences d'un régime approprié) sur un sol ingrat où elle ne trouvera que des conditions d'existence insuffisantes, c'est jeter un semence de bon choix sur une terre qui n'a pas été labourée, qui n'a reçu aucun travail préparatoire. Nul, à coup sûr, ne s'étonnera de la pauvreté bien prévue de la récolte. Semer dans ces conditions, n'est-ce pas condamner la terre à la stérilité? Commençons donc par labourer, nous sèmerons ensuite, quand le sol aura été convenablement préparé et lorsque la saison propice sera venue.

VI.

Autant les caractères constants d'une race et ce que l'on appelle son homogénéité sont difficiles à modifier lorsqu'ils résultent d'influences naturelles, invariables pour ainsi dire depuis une longue suite de générations, autant il devient aisé de les remanier sous l'empire d'influences nouvelles, — et réciproquement autant il est difficile de maintenir dans une race ses qualités propres, ses formes distinctives, en dehors du concours de circonstances auxquelles elle doit exclusivement sa production et sa conservation toujours entière, autant il est possible de la maintenir toujours intacte sous l'influence des mêmes causes que rien n'altère. Il en résulte qu'une race se modifie d'autant plus complétement sous des influences nouvelles que celles-ci s'écartent davantage de la manière d'agir des influences sous lesquelles elle a été obtenue, *et vice versa*.

Je constate ainsi à nouveau la puissance des effets naturels des influences inhérentes aux habitudes générales d'alimentation et d'élevage ; mais je formule en même temps l'influence immense de l'homme sur la matière vivante , son pouvoir presque illimité sur la machine animale, qu'il fait, défait et refait pour ainsi dire à sa guise : car il l'assouplit et la domine, il la modifie et l'élabore selon ses besoins et ses caprices. Que devient, en effet, cette organisation en ses mains? Il la presse , il la tire, il l'étend, il l'épaissit, l'amoindrit, la pétrit, lui communique mille formes changeantes qu'il pliera selon ses goûts , qu'il utilisera suivant ses intérêts.

Chaque instinct de l'animal devient ainsi un instrument soumis à la puissance intellectuelle de l'homme, qui a découvert , après bien des siècles, l'action d'affinité et de supériorité que Dieu lui a si libéralement accordée sur la brute. Quelles améliorations, quels perfectionnements ne réaliserait pas l'éducateur intelligent ! Mais cette puissance est encore incomprise ; ce pouvoir, beaucoup ne le soupçonnent même pas , et le producteur poursuit machinalement une œuvre routinièrement commencée. Il est bien rare, en effet, que le paysan, lorsqu'il a décidé de renvoyer sa poulinière à l'étalon, ait cherché à se rendre compte par avance de la valeur qu'il pourra donner au produit, des formes qu'il devra réaliser en lui pour travailler fructueusement à la satisfaction des exigences du moment ; il est rare qu'il suppute avec lui-même les chances de réussite ou d'insuccès ; rare qu'il se propose une fin raisonnée , qu'il marche dans une route éclairée, qu'il ait un but déterminé... Bien plus fréquemment agit-il capricieusement et livre-t-il l'opération au hasard.

Ce n'est pas ainsi que s'obtiennent les objets d'art, que l'on organise le succès, que l'on crée des chefs-d'œuvre. Or la production animale, au temps présent, ne saurait plus être abandonnée aux seules influences naturelles du sol et du climat ; elles sont insuffisantes aux besoins d'une civilisation qui avance toujours, mais qui ne marche pas sans vieillir tout ce qu'elle laisse en arrière, sans rajeunir et raviver toujours ce qui la suit, sans provoquer d'incessantes transformations, sans faire de nouvelles conquêtes à chaque pas, afin d'augmenter partout la masse du bien-être et des richesses.

Voilà donc une influence merveilleusement grande,—l'empire de l'homme! Il raisonne, il agit et réalise des prodiges. — Ou bien il maintient son intelligence voilée, fait indifféremment, n'exerce aucune action sur ce qui l'entoure, et autour de lui tout dépérit.—Ici, il commande, et tout cède à sa volonté, car il est fort ; là, tout le domine et le subjugue, car il est faible et débile. — Dès qu'il veut, il sait toujours écarter ce qui lui fait obstacle ; chaque difficulté même devient pour lui un moyen. Les influences diverses, les instincts vivants, sont à sa disposition. Il les réunit ou les dissipe ; il les accumule et les fortifie ou les annihile suivant qu'ils favorisent ou contrarient son action. Il fallait le génie de Bakewell pour cette révélation.... Il fallait sa riche provision de patience, son inflexible volonté, la sûreté de son coup d'œil, la rectitude de son jugement, pour deviner le secret de cette puissance, pour réaliser des patrons suivant des idées fixes et logiques, pour en tailler des modèles dans la matière, et pour donner ensuite la vie à ces modèles. Ce pouvoir est en quelque sorte d'essence divine. Aussi un écrivain anglais s'écrie dans son enthousiasme : « Vantez maintenant, vantez, si » vous voulez, les Michel-Ange et les autres faiseurs de statues, » tous ces artistes qui modèlent le bronze et la pierre. N'est-ce » pas aussi un grand artiste, un grand statuaire, ce Bakewell, » qui sculpte la vie, qui prend des chevaux, des bœufs, des mou- » tons pour ses blocs ; qui ne crée pas, comme les autres, à l'i- » mage de Dieu ; qui fait plus, qui réforme l'œuvre de Dieu ; » qui ne manie pas, comme eux, la matière morte, inerte, sans » réaction ni résistance, mais des marbres animés qu'il faut tail- » ler dans le vif, qu'il faut modeler jusque dans le sang, dans » les nerfs, dans le mouvement et dans la volonté. »

Et tout cela, vraiment, n'est pas si difficile aujourd'hui que l'expérience en a été faite et que tous les principes ont été systématisés ; aujourd'hui que la science, jadis suspendue à quelques individualités superbes, se généralise et tombe peu à peu dans le domaine public.

A l'œuvre donc , vous tous qui avez la matière ; à l'œuvre, car la loi de progrès ou d'ascension est la loi du monde !

La source vive des éléments de la valeur du cheval est, sans conteste, dans l'action et la toute-puissance de l'homme sur l'organisation vivante. Mais elle ne peut rien par elle-même ; elle ne s'exerce que par la mise en œuvre si je puis dire, ou la soustraction des autres influences ; en les équilibrant entre elles, en s'efforçant de rendre dominantes celles-ci, en effaçant celles-là au contraire ; en combinant suivant des vues judicieuses et le choix des reproducteurs et une alimentation appropriée. C'est elle, en effet, qui préside au mariage des sexes, qui favorise la transmission de certaines formes, qui poursuit le développement de certaines aptitudes, qui détermine la prédominance des qualités les plus recherchées ; — c'est elle qui stérilise ou féconde la terre , qui, par la suite , nourrit bien ou mal , abondamment et substantiellement, ou pauvrement et avec des matières inertes , avariées ou grossières ; c'est elle qui modifie toutes les influences , qui règle leur action réciproque ou absolue par des soins journaliers bien ou mal entendus , par des exigences bien ou mal calculées de travail ou de repos , par des abris sains ou insalubres, par l'abandon et l'incurie enfin, ou par une hygiène attentive et honorable.

VII.

C'est pour mémoire seulement que la conformation extérieure figure au nombre des éléments de la valeur du cheval. Les formes extérieures résument en quelque sorte les influences qui ont combattu dans la production d'un animal, et reflètent, si l'on peut dire, les dispositions intérieures bonnes ou mauvaises, heureuses ou défavorables. Il y a toute une science,— une science profonde , — dans l'appréciation des raisons de cette valeur ; mais ce sujet ne saurait être abordé ici.

Des races équestres
dans les temps antérieurs et de nos jours.

I.

La toute-puissance de la nature se révèle dans la variété infinie de ses œuvres : aucun de ses produits n'est parfaitement semblable à un autre ; elle ne fait rien d'absolu au dessous de certaines lois organiques immuables ; elle ne laisse rien tout à fait uniforme et stationnaire, nuance tous ses ouvrages, se joue dans les mille combinaisons de forme et de structure qu'elle a départies à chaque espèce, sans en effacer jamais le type originel, toujours maintenu avec une admirable constance.

Aussi, à part les caractères originaires de l'espèce, caractères indestructibles, indissolubles, nos animaux domestiques ne ressemblent plus, à vrai dire, à ce qu'étaient les premiers individus dont ils sont sortis ; tous, plus ou moins, ont dépouillé l'aspect primitif sous l'influence d'agents extérieurs toujours variables, pour revêtir une livrée nouvelle, mobile comme l'action des causes diverses, changeante comme la nature même des différents milieux dans lesquels les individus sont forcément tenus.

Les uns ont dégénéré : — c'est une expression sur laquelle il faut s'entendre, et j'y reviendrai ; — elle signifierait qu'ils se montrent aujourd'hui moins parfaits, moins bons, moins beaux, d'un entretien plus onéreux. J'examinerai cette opinion en son temps. — Les autres ont éprouvé les effets d'une amélioration réelle, autre genre de modification qui les sépare tout aussi profondément de l'état primitif que l'abâtardissement le plus com-

plet, mais qui les rend plus profitables à l'éleveur, plus immédiatement utiles à la société, dont les besoins se modifient sans
relâche, changent à la longue, se multiplient en raison même
des progrès de la civilisation.

Le cheval a dégénéré, — le cheval s'est amélioré dans notre
vieille Europe. — D'importantes modifications se sont réalisées
dans les races de trait par un concours d'heureuses circonstances ; seulement je n'ose en faire honneur à l'intelligence de
l'homme. De tout temps, en effet, on s'est récrié contre son
ignorance et son incurie en fait de reproduction équestre. Je suis
bien plus disposé à les attribuer à des causes toutes locales, à des
influences naturelles et permanentes, à des lois de développement que l'on n'avait même pas songé à étudier. — Des améliorations partielles non moins utiles ont été obtenues dans la
descendance des sujets les plus parfaits de l'espèce que l'on
avait extraits à cette fin de la terre natale. Mais ici des soins
bien entendus, minutieux, persévérants ; une éducation raisonnée, judicieuse, puisant sa force dans l'art ; une lutte incessante
enfin contre les causes d'altération ou de dégénération, ont
triomphé des obstacles, et l'espèce s'est reproduite, dans son
état de pureté, loin du berceau de ses tribus naissantes, non pas
exactement semblable, cela était de toute impossibilité, mais
utilement modifiée dans sa forme et dans ses dimensions, mieux
appropriées à la condition des services au temps présent. Tel
est le cheval-père qui a trouvé une seconde patrie en Angleterre, et qui de là, comme jadis de l'Orient, se répand dans
toutes les parties du continent avec des qualités nouvelles, produites et conservées avec art, solides et brillantes pourtant, et
plus en rapport, il faut le répéter, avec les besoins actuels d'une
civilisation plus avancée, que ne le sont les qualités si différentes aujourd'hui du cheval arabe, dont il descend en ligne
directe néanmoins.

Entre ces deux types si tranchés, d'une utilité si grande et
si distincte, combien d'intermédiaires ! que de races ont été

estimées ! combien sont encore regrettées ! combien plusieurs
d'entre elles, le plus grand nombre même, sont déchues, vieillies, caduques, décrépites, et s'éteignent pour faire place à des
variétés nouvelles, mieux adaptées à ce temps-ci, plus en harmonie avec toute l'économie de notre époque. Oui, ces anciennes races qui se perdent, ces vieilles générations qui, en dis-
paraissant, ne nous laissent que des individus affaiblis, lan-
guissants, usés, abâtardis, se rajeuniront peu à peu dans des
créations nouvelles plus vivaces et plus utiles pour les exigences actuelles et à venir, comme elles-mêmes ont succédé à de
plus anciennes, qui ne satisfaisaient plus à la destination pour
laquelle elles avaient été produites.

Les temps changent, — et avec eux les mœurs, les goûts,
les appétits, les besoins, se modifient et se calquent sur des
exigences nouvelles. Rien ne résiste à cette force de destruction ; tout s'use à son contact, et ceux-là s'en vont qui ont vécu
toute leur vie. Les espèces ont des âges comme les peuples, les
races s'éteignent comme les individus, et dans chaque période
de leur existence elles éprouvent des modifications qui les transforment complétement à la longue. Ces changements, — in-
sensibles et lents pour les générations d'hommes qui passent
pendant qu'ils s'effectuent, — établissent une rotation incessante de morts et de vies nouvelles, rotation dans laquelle, par
bonheur, les forces de destruction et de création se balancent,
dans laquelle des acquisitions nouvelles compensent toujours
largement les pertes successives.

On l'a déjà fait remarquer avec justice : « Parmi les préju-
» gés qui s'opposent en France à l'amélioration des races che-
» valines, il n'en est pas de plus préjudiciable que celui qui
» tend à conserver sans modifications les anciennes races d'un
» pays (1). » Si chaque époque a ses mœurs, ses habitudes,
ses besoins, chaque chose doit nécessairement varier, changer

(1) E. Houël, *Des différentes espèces de chevaux en France,* etc.

aussi et prendre des caractères nouveaux et des formes appropriées. — L'homme n'est point fait pour le cheval, mais le cheval pour l'homme : ce n'est point à la consommation d'obéir, mais à la production de se soumettre. Cette dernière a mission de remplir tous les besoins et de satisfaire à toutes les exigences ; il ne lui appartient pas de se complaire dans un immobile *statu quo*, alors que tout marche autour d'elle , alors que tous les besoins s'étendent et se multiplient. A elle de produire tout ce qui est demandé , dans la forme et dans les qualités recherchées au temps présent. Il ne peut y avoir que des pertes pour ceux qui s'obstinent à continuer le passé routinièrement et sans intelligence. Il y a toujours avantage , au contraire , à réaliser sans retard les transformations que provoque une situation toujours progressive, à se maintenir avec zèle à sa hauteur, à profiter de tous ses bienfaits. Arrière donc les vaines clameurs , les plaintes inutiles, tous ces regrets impuissants ! ils ne feront jamais revenir sur lui-même le temps qui a fui, et qui, dans sa course uniforme, a détruit sans retour ce qui a passé avec lui.

Le monde marche ; il avance toujours. La mission de l'homme, ici-bas, est de ne s'arrêter jamais. Une loi de nature semble également pousser les espèces animales civilisées vers des améliorations nouvelles, et ne jamais leur permettre de rétrograder.

Lorsque le producteur sera pénétré de cette vérité , la matière sur laquelle il opère ne demeurera plus stationnaire ; il la travaillera, il la pétrira, sans se lasser jamais, pour la modifier et la refondre, pour la tenir toujours au niveau des progrès incessants de l'ordre général de l'univers. Les besoins de tous , les exigences de la mode même , et les caprices du luxe , qui remboursent à si haut prix les avances qu'on peut leur faire : telles sont les nécessités de tous les temps et de tous les lieux , nécessités changeantes et mobiles qu'il faut suivre à la piste dans toutes leurs transformations utiles ou bizarres, pour n'être jamais en arrière , afin d'être toujours dans une situation progressive, non d'amélioration , puisque ce mot induit souvent en erreur, et fait que l'on est très rarement d'accord , mais d'appropriation des différentes races aux spécialités de tous les services utiles, ou même de pur agrément.

Cela posé , jetons un coup d'œil rapide sur le tableau hippologique des temps antérieurs , et cherchons, dans sa comparaison avec celui de notre époque, quelques lumières propres à éclairer cette question : Le plus haut point de perfection des races n'est-il pas dans leur appropriation la plus heureuse à tous les besoins dans un état de civilisation donné ?

Cette question présente trois côtés. Au sommet de chacun de ses angles pose un écrivain différent. — Mathieu de Dombasle résume toutes les époques en un grand fait. Pour lui , les races sont le produit exclusif du régime. Elles demeurent stationnaires ou s'élèvent en raison de la situation immobile ou progressive de l'agriculture. — M. E. Houël , trouvant toujours une corrélation parfaite entre les aptitudes diverses des chevaux et les exigences d'un état particulier de civilisation, caractérise toutes les races équestres qui ont existé dans tous les temps en disant qu'elles sont l'expression des besoins de chaque époque. — M. Ch. de Sourdoval érige en principe que partout le cheval reflète la nature et la condition de l'homme qui le fait naître.

Il y a du vrai dans ces opinions. Elles ont toutes trois leur fondement , mais aucune ne saurait être admise d'une manière absolue.

Examinons.

II.

La première ne tient pas assez compte des circonstances nombreuses au milieu desquelles se meut toute reproduction chevaline. En aucun temps cette industrie n'a été ni assez complétement ni assez généralement abandonnée à elle-même pour ne représenter que les seules forces , résultat de l'alimentation. Les sollicitations du consommateur ont toujours dû intéresser jusqu'à un certain point le producteur, intervenir par conséquent, et exercer ainsi leur part d'influence. — Les faits qui appuient le sentiment de l'illustre agriculteur viennent prouver eux-mêmes que l'action de l'homme n'est point étrangère aux effets qu'il attribue exclusivement au régime. En assolant mieux la terre, en élevant de plusieurs degrés sa richesse, il en tire des nourritures plus abondantes, plus variées, plus fortes, plus substantielles, qui déterminent, non pas toutes les améliorations, comme il le prétend, mais des progrès de formes, de développement précoce, de valeur particulière, un certain ordre de qualités toujours utiles et toujours appréciables. Or, il l'avoue aussi, les soins donnés à un animal quelconque sont toujours en raison de l'intérêt qu'offre sa culture, et cet intérêt ne saurait avoir d'autre base que la valeur de l'animal lui-même. De là une intervention nouvelle et plus immédiate de la part de l'éducateur. En supposant qu'il se soit abstenu jusque-là, que la chétivité de ses produits n'ait provoqué ni bons soins ni recherche judicieuse des producteurs, il perd ses habitudes d'insouciance et d'incurie sur le choix des étalons, sur la manière d'élever, dès que les circonstances d'une agriculture arriérée ne le condamnent plus à ne tenir que des chevaux dépourvus de toute valeur vénale. Les races qui sortent de ces conditions générales ne peuvent plus être considérées comme le produit exclusif du régime. L'homme y a mis la main, il a aidé médiatement et immédiatement au développement utile d'autres influences encore que celles de l'alimentation, et dès qu'il intervient ainsi, il est tout logique de supposer qu'il donne à son industrie la direction la plus profitable à ses intérêts. De là à travailler dans le sens de la satisfaction des besoins généraux, il n'y a pas loin, je pense.

En dernière analyse, si cette opinion de Mathieu de Dombasle est fondée en ce qui concerne l'amélioration des animaux domestiques, que l'on cultive dans un intérêt exclusif de consommation, que l'on entretient principalement pour la production de la plus grande quantité possible de viande, de graisse, de lait, de beurre, de fromage...., elle cesse d'être vraie en ce qui regarde l'élève des races chevalines, et il n'y a véritablement rien à répondre à cet argument : « Les Arabes, qui possèdent le meilleur cheval du monde pour l'usage auquel ils l'appliquent, ne sont pas certes un peuple dont l'agriculture soit bien avancée, tant s'en faut (1). »

En supposant donc le principe toujours juste pour les autres espèces domestiques, ce qui est encore contestable jusqu'à un certain point, il est évident qu'il ne saurait être que d'une application fort limitée en ce qui touche la question d'appropriation des races équestres aux divers emplois qu'ils remplissent.

III.

L'opinion formulée par M. Houël définit beaucoup mieux le but à poursuivre qu'elle n'exprime rigoureusement les faits. Si les races avaient toujours répondu aux exigences des temps, parfaitement rempli les besoins à toutes les époques, nous ne trouverions pas dans les livres sur la matière ce concert de plaintes, de réclamations, de regrets, de lamentations à n'en pas finir, qui s'élève toujours au même diapason dans tous quand il s'agit de la dégénération des races, ou plutôt de la comparaison de celles du jour avec celles d'autrefois. Quoi qu'on ait dit et publié, les races n'ont pu demeurer stationnaires ; elles se sont modifiées et refondues souvent ; de nouvelles formes, des aptitudes nouvelles, ont remplacé d'autres qualités et d'autres caractères extérieurs ; mais, dans presque tous les temps, les modifications réclamées ne se produisant pas aussi promptement que besoin eût été, les races, bientôt attardées faute de lumières, faute d'intelligence, étaient ensuite brusquement attaquées par des systèmes mal combinés d'appropriations diverses ; et, la fusion des caractères et du mérite ne s'opérant pas d'après des vues sagement calculées, la transition devenait trop forte, et avait pour conséquence nécessaire, inévitable, la

(1) A. Richard, *Annales des haras et de l'agriculture*, p. 9 et suivantes.

confusion et le désordre. Telle est la source des divergences d'opinions que présentent les différents auteurs hippologiques de tous les temps.

Les uns, frappés de l'affaiblissement des races, en étudiaient les causes à leur manière, et proposaient des plans de régénération admirables de conception, cela va sans dire. On finissait toujours par leur emprunter quelque chose, et l'on prenait tardivement quelques mesures incomplètes. Il arrivait alors ce qui était toujours advenu et ce qui adviendra toujours : les résultats n'étaient pas également satisfaisants sur tous les points ; ils variaient avec les milieux, selon mille circonstances diverses.

Observateurs chagrins et impatients, d'autres se produisaient armés de la critique, jugeant facilement après coup, blâmant les essais malencontreux, condamnant les innovations folles auxquelles le présent était redevable d'une dégradation encore plus profonde. Aussi, pourquoi ne s'en être pas tenu au passé ? Les anciennes races étaient toujours si précieuses, si parfaites ! Mais non : la manie des changements, la tyrannie, l'absurdité de la mode, la rage de la nouveauté, n'ont-elles pas toujours despotiquement régné sur les hommes ?.... Et l'on se donnait large carrière sur ce beau thème.

Cependant les choses n'en allaient pas moins leur train. Chaque jour amenait après lui sa modification insensible, et complétait peu à peu, par degrés, la transformation entière des races. Aucune n'a été frappée de mort violente ; toutes se sont éteintes dans une longue agonie, et ont été successivement remplacées par d'autres qui ne permettaient pas de mener le deuil de leurs aînées. Les vieilles avaient disparu sous des modifications de formes et de structure qui les avaient élevées à la hauteur du besoin.... Mais tout passe. Celles-ci devenaient caduques à leur tour ; elles ne tardaient pas à dégénérer, suivant l'expression consacrée, c'est-à-dire qu'elles vieillissaient et s'affaiblissaient, comme s'étaient affaiblies et comme avaient vieilli celles qui leur avaient cédé la place.

Alors les plaintes de recommencer, les regrets de se repro-

duire..., et toujours de même à chaque phase nouvelle de la civilisation du monde.

En est-il donc ainsi là où, par exception, les besoins restent
invariablement les mêmes? Non sans doute. Le cheval arabe
est aujourd'hui ce qu'il a toujours été : car rien ne s'est modifié
autour de lui. M. Houël constate fort bien ce fait dans un passage de son excellent livre *sur les courses au trot :* « L'Arabe,
» peuple centaure, naquit avec le cheval et mourra avec lui ;
» quand il n'y aura plus de cheval sous la tente du désert, il
» n'y aura plus de tente au désert.... Le cheval fut le premier
» besoin de l'homme primitif pour animer les grandes solitudes
» d'un monde inhabité, pour rapprocher entre eux des lieux in-
» connus, pour remplacer à lui seul, au sein de la famille et
» sous la tente du désert, quarante siècles de civilisation qui
» n'existaient pas encore. Le cheval devint donc l'objet de soins
» infinis ; on lui demanda ce dont on avait besoin : des jambes
» et du cœur. On employa tous les moyens pour perfectionner
» chez lui toutes ces qualités essentielles qui rendent si précieux
» cet admirable animal. Le cheval de Job, contemporain des
» temps fabuleux, serait encore aujourd'hui le roi du désert. »

C'est qu'au désert tout se passe aujourd'hui comme dans la
longue série des siècles antérieurs. L'Arabe, dont le cheval
était toute la vie, en reconnaissant l'étroite utilité, le traita suivant ses besoins, selon les exigences de sa position, et sut l'a-
mener à un état de perfection relative et absolue qu'il faut considérer comme l'expression la plus heureuse de ses intérêts les
plus vifs. Arrivé à ce point, il ne dut plus avoir d'autre souci
que celui de conserver toujours à la même hauteur les qualités
si bien définies, l'aptitude si complète de son cheval pour la
condition où il devait vivre avec lui. Or, tant que cette condition ne changera pas, l'Arabe ni son cheval n'éprouveront aucune modification importante, essentielle.

Mais sous notre civilisation les choses sont différentes. Nous
produisons le cheval bien moins pour nos propres usages que
pour ceux des autres, et nous commençons ainsi par connaître

moins bien les exigences de la consommation que si nous étions nous-mêmes les consommateurs à peu près exclusifs de nos produits. Lorsque l'Arabe se livre à la reproduction, c'est en vue de ses besoins propres, et non avec la pensée de chercher à satisfaire à des exigences mal définies qui ne sont plus les siennes. Il travaille pour lui dans un but bien arrêté. Il a l'intelligence de ses intérêts et de sa position. Son existence est tout entière suspendue à la valeur, rivée à la vie de son cheval.

En aucune situation l'homme n'a eu de motif plus puissant pour intervenir dans la production du cheval : le cheval arabe est donc un produit de la civilisation, mais de la civilisation arabe. Que les conditions de celle-ci, tout en le perfectionnant, l'aient maintenu aussi près que possible de l'état primitif, je le crois, et c'est une opinion à peu près unanimement admise ; que ces conditions même soient les seules aptes à donner comme à conserver une aussi haute valeur au cheval, je ne le conteste pas ; mais avant tout le cheval arabe est pour moi l'appropriation par excellence de la nature équestre aux circonstances particulières à la civilisation arabe.

Le cheval de course anglais offre un exemple non moins remarquable de la permanence des caractères d'une race tant que la reproduction en est poursuivie sous les mêmes influences qui ont servi à la déterminer, qui l'ont revêtue de ses formes distinctives, dotée de ses qualités et de son aptitude spéciale. En effet, il est invariablement le même depuis plus de 200 ans, et demeurera ce qu'il est, — le cheval le plus puissant de la terre pour des courses de vitesse non prolongées, — aussi long-temps que les conditions générales de reproduction et d'élève qui l'ont créé ne seront point modifiées elles-mêmes.

Et d'où vient donc cette race ? Est-ce autre chose qu'une émanation du cheval-père ? Non assurément : c'est la branche cadette de la famille. Exportée de la mère-patrie, soumise à des influences toutes différentes, élevée non plus pour l'immensité du désert, mais pour la plus grande rapidité des communications à courtes distances, elle a subi des changements de formes et de structure qui, à la faveur d'un système d'éducation à part, sans analogue dans le passé, l'ont mieux adaptée aux nouveaux besoins qu'elle était appelée à remplir, l'ont mieux appropriée à sa destination actuelle, qui ne pouvait plus être la même, puisqu'elle devenait le résultat d'un ordre de choses très différent, et qu'elle devait se mettre à l'unisson des conditions diverses d'une civilisation nouvelle.

Le cheval anglais est-il donc, moins que l'arabe, le cheval de la nature? Je n'oserais pas dire que l'arabe du désert exige moins de soins et d'attentions, moins de persévérance et de suite dans les mêmes idées et les mêmes procédés que n'en veut le cheval anglais pour se conserver toujours le même, toujours également doué, en dépit des influences contraires; je n'oserais décider lequel, de l'anglais ou de l'arabe, exige le plus d'art pour se maintenir toujours entier et ne déchoir jamais; mais je n'hésite pas à voir dans le cheval de pur sang, tel qu'il a été modifié par les Anglais, une nouvelle appropriation de la nature équestre aux besoins plus pressés de la civilisation en Europe.

Je n'admets donc pas cette distinction entre les deux familles, — le cheval de la nature — et le cheval artificiel ou factice, comme d'aucuns disent, à moins que l'on ne consente à modifier la signification du mot, et que, ainsi que le veut J.-B. Say, par exemple, on s'accorde sur ce fait, que le véritable état de nature pour tous les êtres est le plus haut point de perfectionnement où ils peuvent atteindre.

Quoi qu'il en soit, je crois le cheval arabe et le cheval anglais également produits par l'art, également prompts à dégénérer lorsque l'action de l'homme, se retirant de l'un comme de l'autre, cesse d'être toute-puissante et laisse prendre à d'autres influences une prédominance dont l'effet déterminera des combinaisons nouvelles. Je les regarde aussi l'un et l'autre comme l'expression d'une civilisation différente, et je les vois tous deux au plus haut degré de l'échelle équestre.

Maintenant, si à ce titre on recherche de quelle utilité ils peuvent être pour toutes les races inférieures, pour toutes celles qui ont vieilli et qui ne remplissent plus avec le même avantage qu'autrefois des besoins nouveaux, il est évident qu'il ne faudra les appliquer l'un et l'autre qu'à la refonte des races qui auront conservé le plus d'affinité avec chacun d'eux. On les classe alors suivant leurs aptitudes spéciales, et l'on en tire immédiatement une plus haute utilité que si on les confondait sans discernement aucun, que si on les employait indistinctement, ici et là, sans plus raisonner d'ailleurs les chances de réussite que la certitude d'un insuccès.

En procédant ainsi, on fait logiquement : on procède comme ont procédé les Anglais pour obtenir le cheval de la civilisation moderne. Quelle aptitude, en effet, s'agissait-il pour eux de développer chez des races aviles, dont les formes ni les qualités ne répondaient plus ni aux idées ni aux exigences du temps ? M. Houël l'a écrit, on voulait *des jambes et du cœur*, une grande puissance, des forces considérables, de la vitesse surtout. Où pouvait-on rencontrer ces qualités ? Elles n'existaient que dans les races orientales, et la première de toutes était la race arabe, sans conteste. C'est donc avec des sujets extraits de l'Orient que l'on a poursuivi la solution du problème, lequel ne consistait pas à reproduire le cheval arabe en Angleterre, puisqu'en Angleterre ne se retrouve aucune des circonstances qui déterminent la production du cheval arabe, mais bien à obtenir de ce dernier, à force d'intelligence et de soin, un cheval nouveau qui, puisqu'il ne devait ni ne pouvait plus présenter ni le même volume, ni la même taille, ni les mêmes formes, ni les mêmes conditions de structure, ni les mêmes aptitudes, conservât au moins avec ses auteurs, par le sang, plus qu'une liaison étroite, plus qu'une affinité, même très rapprochée, mais une filiation directe et non interompue, sauve de toute mésalliance et de toute souillure étrangère.

Ainsi conservé dans son principe, dans son essence, le cheval-père, modifié pourtant dans sa forme, devenait plus apte à l'amélioration des différentes races de l'Europe, c'est-à-dire à leur appropriation plus complète aux exigences de tous les

services, tels qu'ils ressortent maintenant de l'état de la civilisation.

Ce but impliquait nécessairement l'intervention active, soigneuse, intelligente, de l'homme. Sans elle, en effet, la race-
mère, maintenant aux prises avec des circonstances si différentes
de celles qui lui avaient donné naissance, eût été impuissante à
la solution du problème, et, en un petit nombre de générations,
elle serait retombée au niveau des influences non contrariées
du genre d'alimentation et des autres agents modificateurs particuliers à la localité. Aussi, et tandis que les Anglais produisaient un cheval nouveau, semblable à lui-même partout où l'on
travaillait à le réaliser, la France tirait de la même souche —
ici, le cheval des Alpes, — là, celui des Pyrénées, — plus loin,
ceux du Limousin et de l'Auvergne, — ailleurs, ceux du Mor-
van et du Charolais, — puis le camargue, puis le breton de la
montagne, — puis d'autres encore : ceux du Merlerault, de la
Hague, des Ardennes,.... que sais-je ?

Entre ces différentes races de commune origine quelles distances ! Celle d'Angleterre est restée pure, entière : j'ai dit
pourquoi ; — celles de France, plus abandonnées à elles-mêmes, moins directement soumises à l'influence de l'homme qu'à
celles du climat et de la nourriture réunies, en ont répété les
combinaisons diverses suivant les forces respectives de chacune
d'elles aux lieux où elles étaient produites. De là, ces variétés
nombreuses, séparées par des caractères plus ou moins tranchés dans la forme, sans utilité réelle pour le fond, et sans
que l'on puisse d'ailleurs en découvrir l'origine dans un ordre
de besoins particuliers. Chaque territoire imprimait pour ainsi
dire à son cheval une modification distincte, comme chaque
terroir donne à ses produits une saveur spécifique en quelque
sorte et des propriétés qui ne sont plus exactement les mêmes
ailleurs.

A cette période donc, le cheval n'était pas toujours l'expression rigoureuse des exigences de la consommation. L'influence dont les forces prédominaient alors prenait bien plutôt

sa source dans les circonstances locales de climat et de richesse du sol que dans les combinaisons intelligentes de l'homme réglant l'action de tous les agents modificateurs sur le degré d'activité et de puissance qu'il importait de réserver à chacun d'eux.

Aussi retrouvons-nous dans toutes les contrées analogues, et dans tous les temps, des caractères généraux qui établissent de grandes distinctions basées sur la nature du climat, sur le point d'élévation du sol et la force particulière des aliments, de même que nous voyons se reproduire partout aussi exact, aussi entier que possible, le cheval de pur sang créé par l'art et calqué sur les besoins. Le principe est absolu : les mêmes causes répètent nécessairement les mêmes effets.

Le cheval des marais n'a jamais ressemblé à celui des plaines, ni ce dernier au montagnard. Chacun a son type, sa forme, ses caractères génériques. Il n'est même pas besoin d'un œil exercé pour en saisir *a priori* les dissemblances profondes. Et pourtant chaque groupe distinct n'est pas un, homogène. Malgré les analogies frappantes qui en relient entre elles les nombreuses variétés, il revêt encore, suivant la position et les circonstances, une figure et un cachet à part. Les influences qui les déterminent appartiennent donc à deux ordres d'actions différentes. — Les unes sont générales et agissent partout suivant le même mode ; — les autres sont particulières ou locales et présentent des forces qui ne se renouvellent pas ailleurs, qui donnent aux produits spéciaux ce goût de terroir dont j'ai déjà parlé.

Cette distinction n'existe pas dans la production du cheval lorsque partout on la poursuit suivant les mêmes principes, d'après les mêmes vues, avec les mêmes moyens et les mêmes forces : l'action de l'homme se substitue alors à toutes les influences pour les modifier et faire sortir de leur combinaison entre elles un produit nouveau parfaitement approprié aux besoins changeants du temps.

Le cheval de pur sang anglais, le cheval d'hippodrome, produit à Paris, en Normandie, en Anjou, en Bretagne, en Limousin...., se rencontre partout le même (sauf les particularités individuelles qui sont une loi de nature dans toutes les positions imaginables), quand l'éducateur, à la suite du père et de la mère, a su introduire les mêmes procédés d'alimentation et les mêmes méthodes d'élevage. Bien plus, le cheval de pur sang arabe produit en Limousin, par exemple, lorsqu'il est élevé avec la même richesse de nourriture et tenu dans les mêmes conditions d'hygiène générale que le cheval anglais, lorsqu'on le soustrait aux forces locales qui le maintiendraient plus près du cheval de montagne, plus près des formes et du développement du cheval de la civilisation arabe, se modifie bien vite à la faveur des influences nouvelles, et se rapproche très promptement du cheval de la civilisation moderne et par le volume et par les dimensions corporelles. Quant aux qualités, elles ne sont plus tout à fait les mêmes. La conformation du cheval anglais est bien différente de celle du cheval arabe. Ce dernier est particulièrement bâti pour la durée et pour la résistance. Une harmonie exacte, mais d'un ordre à part, réunit et lie solidement entre elles toutes les parties du corps pour des actions soutenues et prolongées. Chez le cheval anglais, la disposition des leviers n'est plus la même, il y a un agencement de parties tout autre ; les lignes sont plus longues et plus hautes et les forces moins concentrées ; il y a tout autant de solidité et de puissance, mais un arrangement différent détermine des actions différentes ; et, si d'une part il y a moins de durée, de l'autre il y a plus d'intensité absolue, plus de pouvoir. Dans le cheval arabe, les forces auxquelles, en mécanique, on donne les noms de *puissance* et de *résistance*, se font pour ainsi dire équilibre. Dans le cheval anglais, au contraire, cet équilibre est rompu : la disposition respective des leviers est telle, que la vitesse est favorisée aux dépens de la force ; la *puissance* domine de manière à vaincre la *résistance*.

Eh bien ! ce genre de modification n'est point dans le régime. Il est dans les habitudes d'élevage, dans un système d'éducation exclusif et tout spécial, dans un mode rationnel d'exercices

et dans une série de générations plus ou moins nombreuse sui
vant que le point de départ est plus ou moins éloigné du degré
extrême auquel on prétend arriver.

La spécialité de cet élevage n'est pas immédiatement com-
mandée par l'application même du cheval aux services divers.
Non, le cheval de course n'est pas produit dans une pensée
d'emploi spécial, usuel au travail ; il n'entre même que par exception dans la consommation générale. On le produit comme
type, comme aptitude à part, et utile à la procréation de plusieurs autres natures qu'il a le pouvoir d'améliorer ou de mieux
approprier aux exigences variées de notre temps.

En Arabie, un seul cheval répond à l'unique besoin de la
civilisation arabe ; on le produit pour lui-même, et il est l'expression fidèle de ce besoin. En Europe, des services nombreux
et divers demandent des conformations particulières, des aptitudes correspondantes, et le moteur doit prendre les formes et
les qualités relatives les plus élevées pour chaque nature de service. Eh bien ! le germe de toutes ces aptitudes, le principe générateur de toutes ces qualités, sont dans la culture d'une race
supérieure et d'élite, qui, judicieusement appliquée à l'amélioration des autres, soutient leur valeur sans faire obstacle aux
transformations nombreuses qu'elles peuvent subir. Ces dernières résultent d'un autre ordre d'influence, de celles qui appartiennent à certaines combinaisons de l'hérédité et des habitudes
générales d'alimentation et d'emploi.

Ainsi, le cheval améliorateur n'est point produit pour lui-
même ; tous les soins donnés à son éducation n'ont pas d'autre
but que l'appropriation la plus complète des différentes espèces
dont notre époque a besoin. Il en est du cheval de pur sang
comme de ces essences qui contiennent, sous une grande con-
centration, des propriétés qui se répandent, se propagent et se
communiquent, qui s'appliquent à mille objets, qui remplissent
mille besoins, et dont la vertu est encore fort appréciable après
une longue imprégnation. Par elles-mêmes, les essences sont
trop fortes et trop actives ; on les affaiblit afin d'en rendre l'em-

ploi agréable, possible même. Ainsi du cheval de pur sang, qui ne saurait être admis avec avantage à tous les services. — Les uns ne veulent qu'une petite dose de sang pur, d'autres au contraire ne sont bien remplis qu'autant qu'il augmente par son abondance proportionnelle la force de tension de tous les ressorts qui jouent et fonctionnent dans la machine animale.

Ce qui enlève à l'opinion émise par M. Houël une rigoureuse exactitude, c'est la paresse et l'inintelligence de l'industrie, qui s'attarde toujours et ne sait pas tenir ses produits au niveau des exigences toujours nouvelles. Cette opinion ne sera vraie qu'autant que la production, attentive et soigneuse de travailler à la satisfaction des besoins divers, saura calculer ses moyens, disposer ses forces, combiner ses ressources, de manière à marcher toujours du même pas que la civilisation, qui, elle, ne s'arrête jamais.

M. Houël a mis le doigt sur la plaie : c'est un préjugé funeste que celui qui tend à faire conserver sans modification les anciennes races d'un pays. Celles que l'on ne modifie pas selon les temps vieillissent et disparaissent forcément, peu à peu, du tableau des existences. Faut-il donc le regretter ?... Que ceux-là qui sont pour l'affirmative se donnent la peine de refaire, par la pensée, les races usées qui ne sont plus, qu'ils les appliquent à nos besoins actuels, et qu'ils disent après de quelle utilité elles nous seraient en ce moment.

Nous discuterons ensuite volontiers sur ce thème.

IV.

« Partout, dit M. Ch. de Sourdeval (1), le cheval est l'ex-
» pression de l'homme qui le fait naître. En Angleterre, l'éle-
» veur, haut placé dans la société, forme le cheval pur sang, le
» cheval de course. En Arabie, en Tartarie, le cheval, élevé par un
» cavalier, devient un coursier admirable. Les Allemands, ha-

(1) *Journal des haras*, t. XXX, p. 299.

» biles à construire des voitures légères, produisent naturelle-
» ment le carrossier léger. En France, hélas! pays d'horribles
» charrettes, pendant que l'on expose à Paris mille théories, que
» l'on disserte dans les états-majors, que l'on distribue des prix
» dans les hippodromes, le tout dans le but très louable d'ac-
» climater de meilleurs types, le cheval, dans sa pratique réelle,
» se trouve élevé par un charretier. Celui-ci, au rebours de tous
» les programmes de la civilisation hippique, et plus barbare,
» en pareille matière, qu'un Bédouin ou qu'un Turcoman, veut,
» avant tout, former un cheval à l'unisson de son grossier véhi-
» cule.... Ailleurs, par un destin bizarre, le cheval n'est élevé
» ni par un sportsman, ni par un cavalier, ni par un charre-
» tier : il l'est tout simplement par un bouvier qui ignore l'art
» de le manier et de s'en servir, et qui ne sait employer que
» le bœuf à ses travaux d'agriculture et de transport. Un tel éle-
» veur est, on le pense bien, incapable d'apprécier le degré de
» coïncidence qui doit exister entre les formes et les qualités
» d'un cheval ; aussi, ne voyant dans son élève qu'un animal à
» faire profiter, il le traite suivant cette idée, et l'engraisse en
» bœuf pour le vendre à la foire. Du reste, pour élever des che-
» vaux, je préfère un bouvier à un charretier. Celui-ci veut ab-
» solument faire triompher l'informe type attelé à sa carriole
» ou à sa charrue ; l'autre a du moins l'avantage d'être, par ses
» mœurs, neutre dans la question : il reste plus de chances de
» s'entendre avec lui. »

Cela revient à dire que partout en France le producteur est
ignorant des besoins à remplir, qu'il ne donne aucune direction
judicieuse à l'économie de bétail, qu'il produit suivant les habitudes locales, qu'il ne modifie aucune forme par son influence
particulière, et qu'il obtient en réalité au hasard tout ce que
peut lui donner le milieu dans lequel il est perdu. Ainsi expo-
sée, la question est plus nette, plus rigoureusement exacte : car
le cheval n'est pas partout, suivant la pensée même de M. de
Sourdeval, l'expression de l'homme qui le fait naître, — fashionable et riche ici, grossier et ignoble là ; plus loin, svelte, léger,

brillant, ou gros, gras et empâté. — Dans les contrées monta-
gneuses du centre, dans le midi de la France, l'élève du cheval,
depuis bien long-temps, n'est plus qu'aux mains d'un bouvier,
et certes elle n'y est pas devenue plus bovine pour cela. Ce n'est
pas à dire que le cheval en soit d'une nature plus riche, — au
contraire ; mais il est loin, bien loin de la condition propre au
cheval du marais de la Vendée, également produit et élevé par
un producteur et éleveur de bœufs. Or c'est de celui-là qu'a
parlé M. de Sourdeval, et il n'a pas vu ce qui se passe ailleurs.
Le cheval du marais vendéen n'est pas volumineux et lourd parce qu'il sort des mains d'un bouvier, mais parce que le sol sur
lequel il vit pousse au développement considérable de toutes les
parties, et lui fait acquérir, au temps de la plus grande activité
de la végétation, un embonpoint excessif, un état de graisse, qui
ne conviennent point à la nature du cheval. Les chevaux limousins
et d'Auvergne, ceux de plusieurs autres contrées de la France,
ne se montrent pas, en grande majorité, rapetissés, resserrés,
étiolés, amincis, amoindris dans leurs dimensions, — tarés, dé-
formés, déjetés, éteints, dégénérés au point de vue de l'utilité
présente du cheval de selle, — parce qu'ils sont produits par
des conducteurs de bœufs, mais bien parce que le sol sur lequel
ils vivent pauvrement aujourd'hui ne leur fournit qu'une alimentation insuffisante par la nature même de ses principes alibiles, et trop souvent aussi par sa quantité absolue.

C'est que les forces de la nature sont bien diverses. Ici, par
exemple, il faut les contenir, car elles poussent hâtivement à
une extension de tous les tissus, qui offrirait plus de masse et de
volume que de véritable énergie ; — là au contraire elles ne
sont pas assez généreuses, elles manquent de force, et veulent
des auxiliaires sans lesquels elles ne donnent que lentement et
avec parcimonie. On reste en deçà avec les dernières, quand on
irait au delà avec les autres, sans atteindre le but dans aucun
cas. Ici et là donc il faut de l'art, l'entente du métier.

L'art et le métier, mieux entendus et plus judicieusement appliqués quand l'intérêt a mis en cause l'intelligence du produc-

teur, ont suffi, en dépit des influences contraires et des oppositions les plus fortes, à réaliser dans les races des améliorations
utiles en ce qu'elles les appropriaient parfaitement aux besoins
changeants des temps. Mais en dehors de leur puissant concours, alors que les préjugés et l'ignorance trônent à leur place,
les plus chétifs produits peuvent sortir des milieux les plus favorisés, et l'homme inintelligent ne tirer aucun avantage des positions les plus heureuses. Peu importe maintenant que cet
homme soit riche ou pauvre, qu'il soit charretier ou bouvier,
poli ou grossier, civilisé ou barbare...., tout est dans l'intelligence qui sait faire concourir toutes choses à la production du
bien dans la lutte incessante qu'il est obligé de soutenir contre
le mal.

L'élève du cheval, la culture de toutes les espèces domestiques, ne sauraient plus être abandonnées au hasard. L'art de
faire naître et de multiplier les animaux, de les approprier dans
tous les temps aux exigences diverses, ne peut plus être le partage de quelques individualités intelligentes. Celles-ci ont mar-
qué le but, ouvert les voies, posé les principes d'amélioration et
de perfectionnement, à tous maintenant l'application usuelle de
leurs doctrines.

En se généralisant par une pratique éclairée, l'art et la science
opéreront peu à peu et sans secousse toutes les réformes nécessitées par les exigences du présent et de l'avenir. Leurs principes d'ailleurs peuvent inspirer toute confiance; ils ne sont
plus à l'état d'essais. Des faits nombreux prouvent assez clairement que les élaborations de la théorie ont été poussées si loin,
qu'elles ont comme assuré à l'avance le succès de l'application,
et tous les systèmes peuvent se produire aujourd'hui à l'état de
maturité.

Ainsi, deux choses sont nécessaires à qui veut travailler efficacement à l'amélioration des races, à leur appropriation à tous
les besoins : — la connaissance intime et raisonnée des qualités
qui sont en elles, soit dans leur état de développement utile, soit
dans une condition latente, à l'état d'embryon, soit enfin à l'état

d'extinction ou de décrépitude, qu'on me passe l'expression ; — puis la connaissance réelle des besoins, sans laquelle on ne parviendrait jamais à la satisfaction heureuse d'aucun d'eux.

Sans l'une et l'autre, les producteurs s'enferment comme à plaisir dans une obscurité profonde quand un rayon de lumière suffirait à dissiper toute cette nuit. Ils avancent en aveugles et pourraient être comparés à ces projectiles qui partent d'une bouche à feu, pour tuer au hasard le bon droit comme le mauvais. Ils mêlent sans disccernement les caractères transmissibles ; les bons comme les mauvais se confondent, se fortifient ou se neutralisent, et se répètent ou affaiblis ou prédominants. Il n'en faut pas tant pour détruire les qualités et faire prévaloir tout ce qui est défectueux.

J'ai résolu la question, je crois. L'utilité d'une race, tel est le premier fondement de sa valeur. Cette valeur est d'autant plus élevée que la race répond mieux aux besoins qu'elle est appelée à remplir. Le plus haut degré d'amélioration est dans l'appropriation la plus complète des animaux aux services. Toute perfection cesse là où n'est plus l'utilité.

V.

Voyons maintenant quelles transformations diverses ont subi les races chevalines suivant les temps, les lieux et les besoins. Nous sommes toujours certains de retrouver dans cet examen les rapports logiques de causes à effets.

Aux différentes époques de leur vie, les sociétés ont des constitutions différentes, des besoins particuliers, des arrangements divers, une activité variable, de même que les individus, dans les phases diverses de leur existence, passent d'une prédominance organique à une autre, éprouvent des exigences nouvelles, et se sentent des forces tantôt plus grandes, et d'autres fois amoindries. Ainsi des lieux et des choses ; l'immobilité n'est pas dans la nature.

Dans leurs commencements, les sociétés ne jouissent pas de

la plénitude de la vie ; elles ont moins de forces et moins de besoins ; elles manquent nécessairement de beaucoup de choses
dont elles ne sauraient se passer plus tard, lorsque la civilisation les a grandies et développées.

Ainsi, et pour nous en tenir à la spécialité de ces études,
dans un état peu avancé des sociétés, on trouve les populations
qui les composent moins nombreuses et moins pressées qu'elles
ne le seront à un autre âge sur un espace de même étendue ;
une vaste portion de territoire est couverte de forêts ; celles-ci
sont habitées par des bêtes fauves ; beaucoup de terrains sont
incultes ; les marais, ces plaies infectes de la terre, en occupent
une partie considérable ; les circonstances climatériques n'ont
encore été modifiées ni par les défrichements, ni par le reboise-
ment des montagnes, ni par le desséchement des parties basses ;
tous les fleuves et toutes les rivières suivent un cours qui sera
modifié peut-être ; aucun obstacle n'a encore été opposé à leur
débordement ; les habitations et les abris sont rares ; la nature
du sol n'a pas encore éprouvé les heureux effets d'une culture
rationnelle, beaucoup de plantes alimentaires sont encore à introduire, à acclimater ; tout est sauvage pour ainsi dire, tout
commence, et l'homme n'a point encore usé de la force d'initiative qui est en lui, et qui le rend capable de réagir sur tout ce
qui est, sur la nature entière, de transformer beaucoup d'agents
qui lui sont nuisibles, ou même de se soustraire à ceux qu'il ne
peut plier à ses besoins.

Dans ces conditions, les animaux destinés à la domesticité
sont loin du degré de perfection auquel ils peuvent atteindre,
auquel ils parviendront certainement plus tard. Leur reproduction est fort limitée, leur valeur peu élevée, leur entretien
moins profitable. L'homme s'en occupe peu ; ils restent voués à
l'action des circonstances extérieures, dont ils résument exactement les forces ; ils sont alors le produit exclusif des habitudes
générales et des causes naturelles : l'art n'a encore influé en
rien sur leur multiplication.

Telle est la condition particulière des animaux de consommation, de ceux qui doivent servir à l'alimentation de l'espèce humaine. Mais, il faut le reconnaître, il n'en est plus tout à fait ainsi du cheval, dont l'emploi est tout autre. Celui-ci, dans tous les temps, a dû être, quoique à des degrés variables, l'obje d'attentions et de soins que l'on n'accordait point à la culture des autres animaux. Ces soins et ces attentions n'étaient pas les mêmes pour tous, à coup sûr, et n'atteignaient pas la totalité de la population ; mais ils s'exerçaient dans certains lieux favorisés, sur certaines races dont les services étaient plus recherchés, et qu'une éducation plus judicieuse tendait incessamment à approprier de mieux en mieux à chaque génération nouvelle, aux besoins divers du temps. C'est ainsi que dans l'enfance des sociétés le cheval arabe, par exemple, a été civilisé à un très haut degré, à tel point que son élévation sur l'échelle équestre a dû être considérée pendant long-temps comme la perfection même, comme le véritable état de nature pour l'espèce entière, c'est-à-dire comme le plus haut point de perfectionnement où elle puisse arriver.

A cette période de la vie des nations, le cheval n'a qu'une seule destination, un seul emploi : il est cheval de selle, rien de plus. Donc tous les efforts tendront à le reproduire apte à ce genre de service, et, parmi toutes les émanations du cheval père, celles-là seront les plus estimées et les plus utiles qui auront conservé avec lui le plus d'affinité et de ressemblance, car elles seront encore et toujours les mieux appropriées aux exigences du consommateur.

Si l'état de la civilisation demande davantage, si le cheval n'est plus seulement destiné à porter l'homme, s'il doit servir à d'autres usages encore, au transport à dos des différents objets de commerce au lieu et place d'une autre espèce, de l'éléphant ou du chameau, par exemple, on lui donnera des caractères nouveaux, un développement plus considérable, des formes, une stature, qui, en le rendant moins léger et moins susceptible, augmenteront sa force et sa résistance à la peine, l'approprieront mieux à cette destination nouvelle. Mais alors le siége de cette race ne sera plus précisément le même que celui de la première ; le cheval de somme sera plus avantageusement produit ailleurs ; il sortira d'autres climats, et résumera des circonstances générales d'élève toutes différentes. Il perdra de sa grâce et de sa finesse, il sera moins fashionable, il revêtira des formes moins distinguées, des caractères moins nobles ; il offrira moins d'élégance, il deviendra plus commun, il aura moins de sang enfin (1).

Lorsque le cavalier, déjà grand et lourd par lui-même, devra surcharger encore son cheval du poids d'une pesante armure, il n'est pas douteux qu'il cherche à le produire dans des proportions plus fortes, doué d'une énergie nouvelle, — sous peine de n'en point obtenir le travail qu'il désire. A cette épo-

---

(1) Voilà un gros mot, une expression mal sonnante pour quelques gens qui se refuseront pendant long-temps encore à la comprendre. Beaucoup de sang, peu de sang, que signifie ce langage ? Eh ! mon Dieu, le ciel d'Italie se retrouve-t-il en Hollande ? Le climat de l'Angleterre est-il le même que celui de l'Espagne ? N'y a-t-il pas quelques différences entre le midi et le nord de la France ? On trouve la vigne à Surêne, et l'on n'y récolte pas le vin d'Aï. L'Anjou, le Bourgogne, le Bordelais, donnent des vins blancs, des vins blancs mousseux champagnisés, on le dit ; n'est-ce pas le même mot appliqué à une autre nature de produits ? Le vin a beaucoup ou peu de vin, n'est-ce pas une expression usitée pour qualifier la liqueur elle-même ? — Oui, un cheval a plus ou moins de sang suivant qu'il a conservé plus ou moins de noblesse et de feu, des rapports plus ou moins intimes avec la race la plus élevée dans l'échelle du perfectionnement. On sait comme la parenté s'éloigne et s'éteint dans les familles par la multiplication des individus ; on sait aussi comment on remonte à la souche des générations, et comment on établit la filiation, la descendance des derniers venus à l'égard des aïeux. — On sait de même que le vin mitigé a cessé d'être pur et que les produits d'un climat se modifient étrangement sous les influences toutes différentes d'un climat opposé. S'il en

que encore, les besoins sont simples ; les communications ne s'établissent que par le cheval de selle ; les peuples guerroient entre eux, et le cheval de guerre est une nécessité.

Plus tard, lorsque les besoins se multiplient, les exigences varient, plusieurs races viennent remplir des services fort différents. Le destrier, le roussin, le palefroi, répondent aux habitudes générales d'un temps moins reculé ; ils ont appartenu, suivant une expression très caractéristique de M. Houël, à l'âge d'or de l'espèce chevaline chez les nations de l'Europe. Le cheval de guerre des premiers âges de notre civilisation actuelle, celui que montaient les Gaulois dans les siècles antérieurs à la monarchie française, était grand, fort et vigoureux. Il se modifia au moyen âge, et devint le destrier ou le genet, c'est-à-dire le cheval des combats, des fêtes militaires et des tournois ; le cheval de prix à la taille haute, aux formes puissantes, aux actions vives et promptes néanmoins, à la conformation énergique et brillante. Le sommier, inconnu là où existent d'autres bêtes de somme que le cheval, fut pour ainsi dire de tous les temps partout ailleurs. Au moyen âge, le sommier, dont la culture a été le moins négligée, fournit le roussin ou le cheval de fatigue. On en usait pour la route autant par ménagement pour le destrier que par commodité pour le cavalier. Ce dernier était en effet plus doucement porté par le roussin, qu'une éducation toute particulière amenait à marcher des allures artificielles moins pénibles pour les longues routes que ne le sont le pas et le trot

était autrement, il n'y aurait qu'une seule espèce de vin, il n'y aurait qu'une seule et même race équestre. Le cheval plein de feu du climat brûlant d'Arabie s'éteint sous l'impression humide et froide des contrées septentrionales de l'Europe ; il y perd son ardeur et sa pureté, je n'ai pas dit sa valeur et son utilité : car, de même que le vin mêlé d'eau est plus favorable à certains estomacs que le vin pur, de même le cheval refroidi par les circonstances extérieures convient mieux à certains usages que le cheval bouillant du désert.

ordinaires sur des chevaux épais et volumineux, aux articulations courtes, aux réactions dures. Enfin le palefroi, ou le cheval des dames, sorti du premier type, c'est-à-dire du cheval de selle svelte et léger, fut l'objet d'une production savante et d'une culture vraiment perfectionnée. Emanation pure de la race-mère, le palefroi la répétait riche de grâce et de nerf dans les familles équestres que les puissants du siècle entretenaient à grands frais et avec un succès sans égal dans le Limousin et dans la Navarre.

Le destrier, issu du cheval de guerre de la Gaule, s'est transformé en un autre type que nous avons tous connu : il a produit le carrossier et le cheval de grosse cavalerie, qui l'un et l'autre se transforment encore chaque jour.

Le palefroi, descendance immédiate des races orientales, se débat en vain contre les causes de destruction qui l'étreignent ; il doit disparaître avant peu, et se fondre dans une race nouvelle mieux adaptée aux exigences des temps. Il était à son apogée au XVe siècle. « Alors, dit M. Houël (1), la poudre vint » enlever aux hommes d'armes leurs pesantes armures ; elles » n'étaient plus qu'un poids inutile. Les chevaux n'eurent plus » besoin d'autant de force matérielle, et les corps soldés qui » s'organisèrent à cette époque commencèrent à se remonter » dans les contrées où l'on élevait des races plus légères que » celles employées jusque là dans les usages de la guerre. D'un » autre côté, le goût du manége et des jeux équestres, qui fai- » sait la passion de la jeunesse française, fit rechercher avec » avidité les races de chevaux qui avaient le plus de vigueur, » de légèreté, de grâce et d'élégance. Le cheval limousin fut le » type du cheval recherché à cette époque pour la guerre et le » manége, et c'est de là que date sa brillante réputation. »

Sous quelles influences fut-il donc produit avec cette perfection ? Le climat et le sol étaient pour lui ; l'homme riche en était le producteur et l'éducateur intelligent ; il lui accordait

(1) *Des différentes espèces de chevaux en France,* etc.

toute sa sollicitude, il le rapprochait de sa personne pour le faire vivre de sa propre vie en quelque sorte, et semblait ainsi l'élever d'un degré dans l'échelle des êtres organisés. Ceci, dit Mathieu de Dombasle, c'est presque une œuvre de *civilisation universelle*. Aussi, comme il reflétait avec bonheur l'heureuse combinaison des divers agents de production ! Chez lui le sang avait conservé ses qualités les plus précieuses ; toujours chaud, toujours généreux, il imprimait à toute l'économie et la force et la grâce, et la puissance et la noblesse ; sa reproduction ne s'écartait pas des lois de la nature. Le sol accidenté, montagneux, donnait des aliments savoureux, fins et toniques, dont la substance concentrée favorisait le maintien des formes élégantes et sveltes ; l'adresse, l'agilité, la souplesse, étaient dans les inégalités du terrain, dans l'air vif, élastique, des montagnes ; la durée de la vie avait sa source dans la lenteur du développement, dans les mille précautions prises au dressage, dans les habitudes soigneuses de conservation et d'entretien ; le même genre d'emploi ne permettait aucun écart dans les aptitudes, aucune déviation forcée dans la conformation ; le maître était noble et puissant, beau et riche : son cheval se montrait bien doté, fashionable, aristocrate. Bonne origine, causes extérieures heureuses, régime approprié, intelligence et sollicitude chez l'éducateur, un but d'élevage parfaitement défini, telles étaient les sources de la valeur du cheval léger de l'époque.

La découverte du moine d'Erfurth détermina le remplacement du grand et fort destrier par le cheval de selle souple et léger. L'invention plus reculée des carrosses a opéré une révolution tout aussi profonde dans l'emploi du cheval. Celui-ci dut subir de nouvelles modifications pour prendre les caractères et les formes qui approprient le mieux ses races à l'action de tirer. Mais cette appropriation ne sera pas la même partout ni dans tous les temps. Comme toutes choses, elle aura son commencement et sa fin ; comme toutes choses, elle ira se perfectionnant d'âge en âge. Les véhicules, grossiers d'abord, de construction défectueuse, d'un poids considérable à traîner sur des voies de communication peu praticables, exigeront au début des moteurs volumineux et lourds, lents et compassés ; plus tard, les voitures deviendront légères et commodes, les routes seront faciles et permettront l'emploi d'une race équestre moins massive et plus rapide. Le mélange indigeste de Berthold Schwartz ne sert plus à personne : la poudre fine lui est justement préférée ; mais le fusil à percussion n'a pas été le premier de tous les fusils...

Voilà donc le destrier, le roussin, le palefroi et le sommier, destitués dans l'avenir, et pour ainsi dire à la fois, de la spécialité de services pour laquelle ils avaient été créés ; les voilà faisant place à leur tour à une série de races diverses, toutes propres aux usages variés de l'attelage et du trait proprement dit : car les routes ne se borneront pas à fournir des voies carrossables ; elles relieront plus étroitement entre elles les différentes provinces d'un même royaume, et provoqueront bientôt l'organisation de ces transports réguliers auxquels on appliquera la dénomination de roulage.

Ces transformations sont toutes aujourd'hui à l'état de faits plus ou moins heureusement accomplis ; mais il a fallu des siècles pour les réaliser, tout incomplètes qu'elles se produisent encore. Quel déplacement elles ont opéré dans la production et l'élève du cheval ! C'est dans le midi et quelques provinces privilégiées du centre de la France que l'on poursuivait avec le plus de succès la culture du cheval léger. Celui-ci ne pouvait descendre que des hauteurs même de l'échelle équestre ; son amélioration était tout naturellement dans son contact avec le cheval arabe, et ce contact l'avait élevé fort haut, en effet, par suite d'un concours de circonstances très favorables à la reproduction, en dehors de l'Orient, d'une grande partie des qualités propres aux races orientales. Mais voici que les conditions changent ; que l'emploi n'est plus le même ; que les besoins nécessitent des aptitudes nouvelles toutes différentes. Or le cheval léger cessera d'être autant recherché : il va donc se produire moins abondamment. Une voie nouvelle est ouverte à l'industrie, elle y entrera : ainsi le veut son intérêt, qui est tout entier dans la satisfaction des exigences du consommateur. D'autres localités paraissent plus heureusement posées pour une production nouvelle ; elles deviennent à leur tour un centre d'activité et d'élevage profitable. Le sol y est plus généreux, plus richement cultivé, l'alimentation plus forte et plus substantielle ; l'air moins vif, plus tempéré, moins sec, moins vivifiant. Sous ces influences, tout ce qui gravite dans le règne animal, comme dans le règne végétal, tend au développement, au volume, à l'extension et au poids de toutes les parties. C'est dans ces localités, on le conçoit, que les races corpulentes s'obtiennent et prospèrent ; c'est donc à elles que le consommateur va demander le produit nouveau qui entre dans ses besoins et dans ses exigences.

Au commencement, la consommation prit encore çà et là : toutes les routes ne s'ouvrirent pas le même jour ; toute la jeunesse brillante et riche ne cessa pas d'équiter à la même heure ; toute la noblesse ne se montra pas en carrosse à la fois ; la population entière ne perdit pas au même temps ses habitudes casanières ; le commerce n'eut pas tout d'abord une immense activité ; les services de la selle et de l'attelage se partagèrent donc, pendant longues années encore, les différentes races de chevaux qui leur étaient spéciales. Peu à peu cependant les derniers devinrent plus nombreux ; l'équilibre fut détruit, et le cheval de selle, naguère encore la règle générale, perdit du terrain, céda la place à son compétiteur, et devint l'exception.

Dès lors toutes les races anciennes furent plus ou moins négligées. Le producteur, ne trouvant plus dans une recherche active et pressée le même intérêt à produire, n'apporta plus les mêmes soins que par le passé à l'élève du cheval ; il donna une autre direction à son industrie. Par contre, tous ceux qui, par position, purent travailler avec profit à la culture des races nouvelles, s'y adonnèrent bientôt avec toute l'ardeur qui naît de la certitude du succès.

Cependant les habitudes se prennent et se perdent avec une

difficulté égale, avec une même lenteur. On lutta de part et d'autre : ici pour ne pas cesser de produire, là pour ne s'engager qu'à coup sûr dans une voie toute neuve, dont les abords n'avaient pas encore été suffisamment reconnus. Il en résulta une perturbation qui n'a même pas entièrement cessé de nos jours. Les anciennes races ont à peu près disparu partout, ou du moins leur physionomie changeante et mobile offre maintenant à l'œil de l'observateur des traits tellement multipliés et incertains, qu'il est devenu très difficile de les saisir, de les grouper et de les réunir de manière à en former un tout et un ensemble dans lesquels l'harmonie existe et soit vraie au point de reproduire l'expression véritable du cachet d'autrefois. A peine forment-elles aujourd'hui une série de démembrements partiels d'une seule et même race dont les caractères sont effacés ; variétés disparates, bientôt aussi nombreuses que les individus, pour ainsi dire, et qu'un même système d'amélioration générale cherche à rattacher, unir et confondre de nouveau dans une seule et même conformation, par le mariage éloigné ou prochain des deux familles les plus civilisées de l'espèce avec tout ce qui nous reste de nos races vieillies, ayant partout les mêmes traits, le même cachet, et partant les mêmes aptitudes, la même perfection relative. Cette fusion de l'espèce est maintenant nécessaire, exigée par les besoins bien définis de l'époque ; elle est logique, conséquente, la suite inévitable d'une civilisation qui embrasse l'ordre entier de la nature ; c'est un des mille reflets qu'elle projette et que nous pouvons étudier dans ces glaces magiques où le conteur et l'historien voient se mouvoir les hommes, les animaux et les choses, dont ils veulent connaître la destinée : telle est la loi du monde physique.

Aujourd'hui donc, si l'on voulait retracer les caractères spécifiques en quelque sorte d'une foule de races très bien connues autrefois, les peindre et les montrer telles qu'elles furent, tel qu'est maintenant ce qui en reste, on ne le pourrait sans charger sa palette de couleurs mêlées et incohérentes. Dans ce peu

de mots qui embrassent une si longue période d'années, que
de phases de décadence, quelle série d'échecs, et quelle suite non
interrompue de dépérissements et de dégradations! Mais par
bonheur, et comme par compensation, à mesure que l'on remonte
cette spirale où le temps a échelonné les transformations
diverses, comme les damnés du poëte gibelin, on trouve une
amélioration progressive de l'espèce dans l'appropriation, toujours assurée à la longue, de ses différentes races aux besoins
simples ou multiples des temps.

M. Houël a parfaitement caractérisé la situation de l'espèce chevaline à l'époque actuelle et dans l'avenir; il dit (1) :

« Les grandes améliorations apportées depuis quelques an-
» nées au système de voirie, la découverte des chemins de
» fer, et l'ouverture d'un nombre infini de canaux, vont, d'ici à
» quelques années, modifier singulièrement les races de che-
» vaux en France. Ainsi, la race carrossière subit maintenant
» une modification importante : sa taille était majestueuse, ses
» formes gracieuses et nobles; mais on lui reprochait avec rai-
» son des corps longs, des têtes busquées et peu de vigueur :
» des croisements bien entendus avec le cheval anglais lui ont
» fait perdre ces défauts, et lui font faire chaque jour des progrès
» qui l'amèneront bientôt à la perfection du genre réclamé par
» les besoins de l'époque. Le problème à résoudre est d'opérer
» la réunion des qualités de force et de taille des anciennes ra-
» ces d'attelage avec la légèreté, le brillant, la vigueur et la
» longueur d'allures qui distinguent le cheval oriental ou ses
» dérivés. D'un autre côté, les races de trait vont subir de
» grands changements : la forte race de gros trait ne sera bien-
» tôt qu'un objet de luxe et de parade, comme en Angleterre,
» où on ne la voit plus qu'aux attelages des marchands de
» bière, ornée de pompons rouges. Les roulages se feront par
» des chevaux plus actifs, plus légers, qui mangeront moins,
» feront le double de chemin, et remplaceront par la vigueur

(1) *Loco jam citato.*

» et l'énergie cette force d'inertie, apanage du cheval de gros
» trait, qui se consumait en partie sur elle-même. Les races de
» trait léger s'amélioreront dans le sens le plus favorable à la
» vitesse et à l'énergie qui leur manque ; on les croisera avec
» des chevaux qui, sans leur ôter de leur résistance ni de leur
» force, donneront plus de longueur et de meilleures directions
» à leurs articulations ; enfin le cheval de selle *proprement dit*,
» se reproduisant par lui-même, sera entièrement abandonné,
» et remplacé par le cheval de demi-sang ou de trois quarts de
» sang, plus approprié aux besoins, à la mode, au caprice de
» l'époque. Enfin il résultera de ces mêmes besoins, des nou-
» veaux instincts de la civilisation, des fortunes plus divisées
» de notre époque, et de l'abandon de l'équitation telle que
» l'entendaient nos pères, qu'il n'y aura bientôt plus en Fran-
» ce ni cheval de selle, ni cheval de carrosse, ni cheval de
» trait. Il y aura de grands et de petits chevaux ; des chevaux
» forts et des chevaux légers ; des chevaux de pur sang, de
» demi-sang, de différents degrés de sang ; mais il n'y aura plus
» de cheval affecté à tel ou tel service, ou plutôt il y en aura
» pour cent services divers. — Je m'explique : Qu'est-ce qu'un
» cheval de selle ? Sera-ce le cheval de carabinier, ou le cheval
» de chasse, ou le cheval de gendarme, ou le cheval de cava-
» lerie légère, ou le petit poney ? Maintenant les femmes mê-
» mes montent des chevaux de carrosse, et elles attellent des
» poneys à leurs voitures ! Où sera le cheval de selle dans tout
» cela ? — Qu'est-ce qu'un cheval de carrosse ? Il y a encore
» quelques personnes qui se servent de lourds et massifs che-
» vaux, mais le nombre en diminue chaque jour ; les autres ne
» veulent plus que des chevaux ayant plus ou moins de sang ;
» d'autres attellent des poneys, d'autres des chevaux limousins,
» d'autres des chevaux de pur sang ! Où sera le carrossier dans
» tout cela ? Quant aux chevaux de trait, on les emploie encore
» pour quelques services quand ils sont de bonne race : tel est
» le halage des rivières, les transports des fardeaux dans les
» grandes villes, le roulage au pas, etc. Mais les postes, les

» diligences, les voitures publiques, ont besoin de chevaux
» plus actifs Déjà, sur les routes très fréquentées, les relais
» sont composés de chevaux ayant un peu de race ; on com-
» mence à y voir des chevaux de demi-sang. Ces chevaux vont
» plus vite, se fatiguent moins, et durent plus long-temps.

 » Ainsi, dans l'époque présente, trois grandes divisions :
» 1° Le cheval de tirage,
» 2° Le cheval de demi-sang,
» 3° Le cheval de pur sang.

 » Dans la première de ces divisions je comprends les che-
» vaux de trait des fortes races destinés au halage des ca-
» naux et au roulage dans les grandes villes ; ceux des races
» plus légères, ou forts carrossiers, destinés aux différents ser-
» vices de l'artillerie, au roulage accéléré, aux diligences,
» voitures publiques, etc.

 » Dans la deuxième je comprends les chevaux de différents
» degrés de sang, produit du mélange des fortes races avec le
» pur sang ;

 » Dans la troisième les chevaux de pur sang, type régéné-
» rateur des autres races. »

VI.

Mais ces races ne s'obtiennent pas sans soins ni savoir ; elles
ne se trouvent pas toutes faites au fond des influences propres
à chaque localité ; elles ne sont pas la résultante des seules forces
de la nature : elles répondent aux besoins d'une civilisation
avancée, et demandent, pour sortir identiques de milieux fort
divers, une grande intelligence dans l'emploi des moyens qui
les produisent.

Et ce fait n'est point exceptionnel aux races du présent. Le
cheval particulier à chaque siècle, le cheval le mieux approprié, dans tous les temps, aux besoins d'un état de civilisation
donné, n'a pas été plus que le nôtre le produit spontané des
agents extérieurs, mais un reflet toujours bien entendu de la

civilisation elle-même. Le cheval arabe, je l'ai déjà dit, ne coûte pas moins de soins, d'efforts, d'intelligence, de sollicitude persévérante, que le cheval anglais de pur sang. Nos races si renommées du Limousin, de la Navarre et de l'Auvergne, la race andalouse, si vantée jadis, et tant d'autres dont le souvenir s'affaiblit chaque jour, que sont-elles devenues à partir du moment où elles ont été abandonnées aux seules forces du dehors, où elles n'ont plus rempli les besoins du temps, où, par cela même, elles n'ont plus été cultivées avec art, où elles ne se sont plus trouvées soumises qu'aux seules conditions générales des lieux? Elles sont tombées au lieu de se maintenir : car la force salutaire, l'intérêt, qui développe l'intelligence de l'éducateur, s'était retirée d'elles.

Un fait non moins remarquable et qui n'a pas été assez observé, c'est que les races équestres d'une époque déterminée ont souvent cessé d'être employées avec autant d'activité que par le passé au temps de leur plus haute réputation. L'explication est facile. L'industrie chevaline n'a jamais été ni assez éclairée ni assez hardie, je ne dirai pas pour prendre l'initiative d'une modification rendue nécessaire par la force des choses, mais même pour se soumettre tout aussitôt qu'il y avait urgence à modifier le présent et à pénétrer dans une voie nouvelle. Ignorante et routinière, elle n'a jamais su apprécier aucun des faits qui se passaient autour d'elle, et qui, poussant toutes choses en avant, la laissaient bientôt loin par derrière. Il lui a donc toujours fallu un temps démesurément long pour se reconnaître et se décider à marcher. Mais, inhabile et paresseuse, elle venait tard, et tout ce qui l'avait devancée était déjà prêt à fuir et à disparaître encore lorsqu'elle arrivait à peine, riche d'une transformation utile, mais dont elle ne devait plus profiter longtemps : car la course recommençait à nouveau, car la civilisation avait toujours quelque nouvelle conquête à ajouter aux conquêtes du passé. Fidèle à la force d'inertie, la production n'a jamais suivi partout la marche générale, et elle ne s'est guère trouvée pendant un laps de temps considérable à la hauteur des besoins que là où les besoins sont demeurés invariables, là où la civilisation n'a rien changé à ce qu'elle avait précédemment édifié.

Partout ailleurs, on le comprend, les races, après un laborieux enfantement, après une appropriation lente et tardive aux convenances sociales, tombèrent souvent au dessous de ces dernières, non pas d'abord par suite d'affaiblissement et de dégénération, mais par immobilité, mais faute de se modifier à nouveau pour se tenir toujours au niveau des exigences de tous. La dégradation venait après, lorsque la production ne se trouvait plus stimulée par un bénéfice nécessaire, par le seul aliment qui pût la défendre contre l'abandon.

Quant aux principes de production et d'amélioration, ils n'ont jamais été ni mieux compris ni plus éclairés qu'au temps où nous sommes.

Dans la période du mode d'emploi exclusif du cheval léger, l'éducateur ne pouvait s'égarer. Il lui était facile, bien facile en effet, d'imaginer que l'amélioration ne pouvait descendre que du cheval léger le plus avancé, le plus heureusement doué, le plus rapproché de son véritable état de nature par une culture judicieuse et bien entendue au point de vue des nécessités du temps. On demandait donc, et avec raison, aux races orientales les plus parfaites les sujets les plus aptes à l'améloriation des races inférieures. A cette période, la science n'a rien de compliqué. Elle n'avait qu'un obstacle à vaincre, la dégénérescence du type. La barrière qu'elle lui opposait avec le plus de sollicitude s'élevait dans les efforts tentés pour éviter que l'acclimatation ne nuisît beaucoup aux individus importés. L'appareillement des sexes rendait ensuite raison de toutes les autres difficultés. Il avait pour but d'amoindrir les défectuosités, d'effacer les imperfections, et s'attachait au contraire à faire dominer et les qualités utiles, et le genre de conformation qui constituait alors la beauté.

Plus tard, lorsque les races durent s'épaissir et prendre un développement considérable, la pratique suivit d'autres données. Ignorante de ce fait que le volume des animaux est toujours en rapport avec l'abondance et la valeur nutritive des aliments qui les forment, on chercha le principe de la grande taille, de la force et du gros, dans les races qui en étaient le plus puissamment dotées. Dès lors le point de départ de l'appropriation des races à des besoins tout différents fut diamétralement opposé au principe d'amélioration suivi jusque là. Sans la connaître, on avait agi suivant une loi de nature en allant puiser dans des climats chauds et secs les sujets destinés à l'amélioration des animaux refroidis par leur transport et leur reproduction en des climats plus froids et plus humides. Par une marche inverse, on jeta le désordre dans la reproduction ; les races ne changèrent pas seulement de formes, elles perdirent toutes qualités et descendirent en quelques générations au plus bas degré de l'échelle.

Cependant, les besoins restant les mêmes, l'agriculture avançant peu, les races légères ne prenaient pas le développement désirable, et les races lourdes ne s'allégeaient pas assez. On crut trouver la solution du problème dans un principe mixte que la pratique appliqua à la recommandation de deux célèbres patrons, Buffon et Bourgelat. Leurs paroles avaient force de loi : ils disaient, et la croyance suivait ; leurs idées étaient souveraines. Qui donc en eût appelé ? N'étaient-ils pas, eux aussi, les princes de la science ? Et cependant ils proclamaient l'erreur, les faux principes ; ils accréditaient un préjugé. Quel mal n'ont-ils pas fait !

Singulier système en effet que le leur !

Pour eux, et bien que cela dût leur paraître au moins étrange, le modèle du beau et du bon était dispersé par toute la terre. Dans chaque climat, il n'en résidait qu'une portion qui dégénérait toujours, à moins qu'on ne la réunît avec une autre portion qu'il fallait découvrir et prendre au loin. Pour avoir de bons chevaux, pour entretenir une perfection toujours égale dans les races, il fallait allier aux femelles d'un pays des mâles d'une contrée étrangère, et réciproquement unir aux mâles de ce pays des femelles choisies parmi les races éloignées. Peu importait d'ailleurs que ces étrangers fussent ou non supérieurs aux indigènes; tout le succès de l'opération était dans la différence de race des animaux à réunir en des accouplements plus ou moins bizarres. Le principe se formulait ainsi pour la France : donner aux femelles de nos provinces méridionales des mâles tirés des races devenues indigènes aux contrées du nord, et aux femelles de celles-ci des mâles extraits des familles orientales. Les résultats devaient être d'autant plus heureux que la température des climats sous l'influence desquels les animaux étrangers avaient pris naissance était plus éloignée de celle du nouveau climat à l'action duquel ils allaient être soumis.

Dans la première période, à part les races d'élite, qui ont toujours été produites avec intelligence, le gros de la production appartenait particulièrement aux influences propres à chaque localité. L'agriculture, peu avancée, ne fournissait pas assez substantiellement pour que les races devinssent fortes et lourdes; le cheval restait dans des proportions heureuses pour les usages de la selle, et son amélioration était favorisée par son contact plus ou moins immédiat avec le cheval de selle le plus civilisé du monde.

Lorsque, dans des temps moins éloignés, on voulut élever la taille, élargir les formes, grossir l'espèce, on fit fausse route en demandant aux mêmes principes alimentaires des forces, des dimensions, des aptitudes nouvelles, qui n'étaient ni dans la nature ni dans l'abondance des plantes nutritives consacrées à la reproduction équestre. On crut les obtenir par voie d'hérédité, et l'on introduisit dans les races légères, tout imprégnées encore du sang riche et chaud des familles orientales, le sang pauvre et refroidi des races plus lourdes, des chevaux étoffés et de grande taille des contrées humides et froides de l'Europe. Cette tentative détruisit toute noblesse et toute valeur chez le cheval léger; elle dégrada singulièrement aussi le cheval plus corsé des plaines et des herbages fertiles ; elle porta la déchéance et la ruine partout. Nous en étions là il n'y a pas encore quinze ans.

Mieux éclairé aujourd'hui, on est revenu à des idées plus certaines, et dans la pratique on ne s'écarte plus guère de ces principes : — le pur-sang est l'agent le plus efficace de l'amélioration et du perfectionnement des diverses races de chevaux ; il contient le germe de toutes les qualités et de toutes les aptitudes ; — les races du nord s'améliorent par leur alliance avec les races du midi, tandis que ces dernières s'affaiblissent et se dégradent au contraire par leur contact avec les races du nord.

Mieux avisé aussi, on n'ignore plus que le pur-sang, tout puissant qu'il est, ne constitue pas pourtant l'unique moyen d'amélioration des races ou de leur appropriation aux services divers ; on sait qu'il est un des éléments indispensables, mais qu'employé seul, à l'exclusion des autres, il ne déterminerait pas toutes les améliorations que l'on pourrait poursuivre soit dans la forme, soit dans les aptitudes. Déjà nous avons vu que le problème de la production équestre ne se réduisait point à cette simplicité de termes.

Toutefois, une idée commence à prévaloir en économie de bétail, que nous acceptons comme un progrès capable de faire faire un grand pas à la pratique, mais que nous ne voudrions pas voir admettre en principe d'une façon aussi exclusive qu'elle semble se produire. Ainsi, dit-on, il y a perte à introduire sur un sol trop pauvre des races créées sur des terres d'une fertilité supérieure ; il y a perte également à continuer la production et l'élève des races chétives et donnant peu, dès que l'état avancé de l'agriculture permet l'éducation, autorise la tenue de races meilleures et d'un rendement plus élevé.

Dans le premier cas, c'est la manie des introductions des races étrangères qui est condamnée ; dans le second, c'est la routine acharnée que l'on attaque.

L'une et l'autre sont également préjudiciables et au producteur et au consommateur. Leurs intérêts ne sauraient être séparés : c'est l'aisance générale, c'est la richesse publique, qui alors sont atteintes dans leurs sources les plus précieuses.

L'idée que l'on préconise est juste assurément, fondée surtout en tant qu'on l'applique plus particulièrement aux races des espèces du bœuf, du porc et du mouton ; mais le principe d'où elle découle n'est peut-être pas très heureusement formulé. Les bénéfices de l'éleveur, écrit-on, dépendent en grande partie de l'appropriation parfaite des races adaptées aux circonstances dans lesquelles il doit les placer.

Eh bien! c'est encore trop laisser, du moins je le crois, aux influences extérieures, et ne pas accorder assez à l'action de l'homme, qui, en fait de production animale, doit puiser la plus grande partie de ses moyens dans son intelligence. J'ai dit ce qu'elle pouvait. Que le gros des producteurs se fasse habile manœuvre, et suive, dans une exécution rendue facile, les principes de l'art heureusement découverts et profitablement appliqués déjà. Dès aujourd'hui, en effet, les bons exemples ne font pas défaut. Mais les bénéfices d'une éducation, j'insiste à dessein sur ce point, me paraissent être dans l'appropriation des races, non plus aux lieux où on les implante, mais aux besoins divers et bien définis de la consommation. Tout, me semble-t-il, doit se modifier pour arriver à ce résultat ; tout doit se plier à cette exigence. Les localités pauvres, le sol peu élevé en fécondité, doivent être travaillés et améliorés. Ils sont à la fois matière et instruments ; l'homme les met en œuvre, il sépare, transporte, combine, transforme les molécules dont ils se composent, en change l'état, la condition, la nature, et crée des produits nouveaux. Or, ceux-ci n'ont d'autre valeur que leur utilité : c'est donc le plus haut degré d'utilité qu'il faut avoir incessamment en vue.

Que le producteur de bétail, — éducateur de chevaux ou engraisseur d'animaux, — élève enfin ses opérations au rang d'une industrie ; qu'il apprenne à les considérer dans leurs rapports avec tous les intérêts qu'il est appelé à desservir. C'est l'ignorance qui tient cette industrie arriérée alors que tout marche et progresse. L'obscurité est le plus grand obstacle au développement de toutes les facultés de nos animaux, au perfectionnement de tous leurs instincts et de leurs aptitudes diverses.…; un rayon de lumière décuple les forces et centuple les produits.

Le perfectionnement d'une race, qu'on se le persuade bien, ne dépend pas autant de l'avantage de la situation, de la salubrité et de la clémence du climat, de la fertilité même du sol, que de l'intelligence de l'éducateur et des avantages qui en découlent ; tels la persévérance à suivre une bonne voie quand on a su y entrer, les soins judicieux d'une hygiène toujours convenable au but certain et bien arrêté qui y est poursuivi.

Un système rationnel d'élevage balance une foule d'inconvénients, aplanit mille difficultés, supplée à bien des exigences. Un régime approprié non seulement à la convenance, mais surtout à l'aptitude des races, n'est-ce pas le grand secret d'une production toujours intelligente, toujours heureuse, toujours utile?

L'éleveur de bestiaux, encore un coup, ne travaille pas exclusivement pour lui, il ne produit pas pour son unique consommation : la raison dernière de ses efforts et de son labeur est tout entière dans la satisfaction des besoins généraux, car là sont l'utilité et le profit. Son intérêt particulier est nécessairement lié à celui de la société au milieu de laquelle il est appelé à exercer son art, son industrie ; il faut donc qu'il étudie, pour la comprendre, l'économie de cette société dans laquelle il se meut, dont il fait partie, lui aussi, et qu'il opère pour les autres en même temps que les autres travaillent pour lui, tout en faisant leur chose propre. « Les connaissances spéciales ne suffi- » sent pas, dit J.-B. Say; elles ne sont qu'une routine aveugle, » lorsqu'on ne sait pas les rattacher au but qu'on se propose, » aux moyens dont on peut disposer. Nous ne sommes pas ap- » pelés à exercer nos arts au milieu d'un désert ; nous les exer-

» çons au sein de la société et pour l'usage des hommes. »

A combien de pertes alors n'est pas vouée l'industrie qui vit au jour le jour, qui travaille sans souci de ce qui se passe autour d'elle, sans intelligence du mouvement, sans préoccupation des besoins divers? Et pourtant telle a été pendant long-temps la situation de notre économie de bétail; l'industrie chevaline ne semble pas avoir toujours été beaucoup plus éclairée que ses sœurs.

Quels chevaux méritent la qualification de pur sang?

I.

Cette question, fort controversée, est encore du domaine presque exclusif de la polémique. Elle divise les hippologues, et leurs discussions vives, leurs opinions divergentes et parfois confuses, jettent beaucoup d'incertitude sur le principe même de l'amélioration des races. Les faux départs, sur l'hippodrome, obligent toujours à de nouveaux apprêts; ils n'amènent que des résultats négatifs. En désaccord sur le principe même de la science, les auteurs hippologiques n'ont jamais pu s'entendre, et l'étude est toujours à recommencer. On ne bâtit pas sur le sable mouvant; tout édifice repose sur une assise solide : toute science a son fondement.

Étudions à nouveau cette question dans les mêmes termes que ceux qui l'ont attaquée avant nous. Ces termes sont absolus. Il ne s'agit pas d'une simple affaire de hiérarchie, on ne classe pas entre elles les diverses races auxquelles on accorde ou refuse la qualification de pur sang; on va bien au delà vraiment : on exclut, et sans autre forme de procès, une ou plusieurs races pour n'en admettre qu'une seule, tantôt celle-ci, tantôt celle-là. Encore, à ce point de vue, admet-on le principe. Le litige alors ne porte que sur l'application, sur l'usage rationnel du mot lui-même; mais d'autres ne croient pas du tout au pur sang;... et pourtant la supériorité du sang, on l'a dit, ne peut pas plus se nier que la conscience et l'honneur dans l'ordre moral.

Voyons quelles sont les idées émises et chaleureusement soutenues à cet égard.

— Pour les uns, que l'on dit puritains en matière hippique, que l'on appelle des imitateurs exclusifs, des admirateurs extravagants des Anglais, il n'y a de cheval de pur sang que celui dont l'arbre généalogique s'étend jusqu'au *general Stud-Book* (1), espèce de registre de l'état civil équestre dont je m'occuperai bientôt.

— Pour d'autres, retardataires obstinés, comme on les nomme, qui se croient imbus des idées de nos grands naturalistes et qui ne les comprennent pas toujours, le cheval de pur sang ne peut naître qu'en Arabie. Il doit être débarqué d'hier et arrivé tout frais émoulu, si l'on veut bien me passer l'expression, condition hors laquelle il ne possède plus dans toute leur pureté les qualités natives, celles du pur sang, nécessairement inhérentes au sol, au climat de la patrie originaire, aux soins pris par l'Arabe, son maître, pour empêcher la plus petite tache dans les familles, la moindre mésalliance dans les accouplements.

— Il en est qui admettent les deux races au bénéfice de la qualification, et pour eux les races arabe et anglaise sont également des races de pur sang.

— D'autres classent parmi les races pures (2) les démem-

____

(1) « L'administration des haras qualifie de pur sang *les che-*
» *vaux et juments arabes et leurs produits,* comme les chevaux
» d'origine anglaise. La société d'encouragement pour l'améliora-
» tion des races de chevaux en France, au contraire, refuse aux
» premiers cette qualification, et ne les admet pas à courir les prix
» décernés par elle. Aux termes de son règlement (art. 14), *ne*
» *sont considérés comme étant de pur sang que les chevaux et ju-*
» *ments issus d'un cheval et d'une jument dont la généalogie se*
» *trouve constatée au Stud-Book anglais, ou qui ne sont issus*
» *eux-mêmes que d'ancêtres dont les noms s'y trouvent insérés.* »
    (*Bulletin officiel des courses de chevaux.* 1ʳᵉ année, n° 2.)

(2) Pour M. Huzard fils, les mots *race pure* constituent un

brements les plus voisins de la race arabe , tandis que d'aucuns ne les considèrent que comme des émanations dégénérées du cheval père : les races barbe, turque et persane; sont dans ce cas.

— Je cite pour mémoire seulement ceux qui désignent sous le nom de pur sang tout cheval issu d'un premier croisement, ou bien encore tout cheval complétement dépourvu de sang , mais appartenant à une race distincte. Ils disent : — un normand , — un lorrain, — un camargue, — un charolais..... pur sang, pour exprimer qu'aucun mélange n'est venu altérer le cachet particulier propre aux chevaux sortis exclusivement des forces que les agents extérieurs puisent diverses dans telle ou telle localité. Ce genre de pur sang devient fort heureusement très rare aujourd'hui : c'est là un abus de mots auquel il serait puéril que je m'arrêtasse davantage.

— Quelques uns ont tenté de faire passer dans le langage un sens de convention au moins étrange. Il eût fait sentir la distinction qu'ils auraient admise entre deux degrés différents de pureté de sang ou de race, quelque chose, si je puis dire ainsi , comme une race primaire et une race secondaire. — Le cheval arabe, le plus pur de tous, eût été le cheval de *sang pur* ; mais tous ses produits nés et élevés hors de l'Orient n'eussent plus été que des chevaux de *pur sang*. Cette distinction est trop subtile pour moi... Il est des gens d'ailleurs avec lesquels il ne

barbarisme ; c'est de la cacologie. Le premier emporterait nécessairement avec lui la signification que l'on veut ou que l'on croit lui donner en l'accolant à une épithète parasite ; c'est plus qu'un pléonasme : c'est une absurdité. « Qu'est-ce qu'une race qui n'est pas » pure? dit-il. Je ne connais pas ce que c'est... *Il y a race, ou il* » *n'y a pas race.* Une race qui n'est pas pure ! J'ai beau chercher, » je ne vois pas ce que ce peut être. » Je reviendrai sur ce sujet. En attendant, je continuerai à employer une expression consacrée aujourd'hui dans le langage hippique. Le sens qu'on y attache est tellement précis, que nul ne s'y trompe, que tous le comprennent, sans en excepter M. Huzard lui-même, car il s'en est beaucoup servi dans ses différents écrits sur la matière.

faut jamais discuter et que l'on peut laisser se débattre dans le vide. Ainsi ferai-je de l'opinion de ceux-ci, car je n'ai assez de lucidité ni dans l'esprit ni dans le style pour comprendre et faire comprendre à qui me lira comment avec du sang pur on peut faire du pur sang ; si ce dernier est d'une autre nature que le premier ; si, par exemple, la race anglaise de *pur sang* est moins pure que n'est pure la race arabe de *sang pur*. N'y a-t-il pas entre ces deux puretés de race exactement la même différence qu'entre bonnet blanc et blanc bonnet ?... Passons, passons vite...

— Enfin beaucoup nient l'existence du pur sang comme la majorité l'entend. Pour ces derniers, la supériorité de la race n'est pas dans le sang : il faut la chercher exclusivement dans un système rationnel de production et d'élevage, et surtout dans l'action toute-puissante des influences les plus favorables au développement d'une constitution riche et à l'exaltation de toutes les qualités que le cheval est susceptible de réunir en lui. Le cheval de pur sang peut ainsi se former de toutes pièces sur tous les points du globe et sans le concours d'aucune race étrangère. L'emploi de sujets améliorateurs importés du dehors hâterait sans doute la marche de l'amélioration, le progrès ; mais il n'est point indispensable pour élever une race indigène, déchue, au plus haut point de supériorité qu'il soit donné au cheval d'atteindre, pour le ramener au degré de pureté et d'homogénéité que présentent, par exemple, les races nobles d'Arabie et le cheval pur sang reproduit en Europe sans mélange et sans mésalliance aucune.

Examinons maintenant ces opinions diverses, après en avoir bien vite écarté celle qui applique les mots *pur sang*, à tort et à travers, à toutes les espèces indistinctement, sans plus savoir ce qu'elle exprime que ce qu'elle voudrait exprimer. La discussion s'ouvrira ainsi entre — ceux qui n'admettent pas l'existence du pur sang ; — ceux qui ne reconnaissent pas d'autre race pure que la race arabe noble ; — ceux qui n'admettent à cette qualification que les seuls chevaux dont la généalogie se trouve constatée au Stud-Book anglais, ou qui ne sont issus

eux-mêmes que d'ancêtres dont les noms s'y trouvent insérés ;
— ceux qui regardent comme étant également de pur sang les
chevaux arabes et anglais, mais ceux-là seulement ; — ceux enfin qui ajoutent à ces deux races les autres races d'Orient que
l'on appelle barbe, turque et persane.

II.

Le sang est tout, — le sang n'est rien. Ces deux propositions extrêmes sont nées de leur exagération même. En pro-
clamant l'infaillibilité du pur sang, en isolant le principe de
tout ce qui l'étaie et fait sa force, en déniant toute autre action,
en n'admettant en dehors de lui aucune autre puissance, en en
faisant l'unique remède à tous les vices, le seul obstacle à toutes les causes de déchéance, les plus chauds partisans du pur
sang ont beaucoup nui à son application raisonnée. N'ayant pas
toujours été judicieuse et rationnelle, elle n'a pas toujours été
heureuse et efficace. De l'insuccès est sorti le doute, et le doute
a développé une opposition formidable au principe. Ils sont
nombreux les écrivains qui ont pris part au débat ; tous peuvent également se reprocher l'exagération des assertions émises,
tous se sont montrés également absolus, également exclusifs,
également passionnés… : aucune question de cet ordre n'a certainement provoquée une lutte aussi vive et autant prolongée.

Toutefois les deux opinions sont demeurées entières : chacune est restée fidèle à son drapeau. Nul n'a fait défection ;
l'état des partis restera le même pour le présent. Mais la vérité
doit se faire jour à la fin et rallier autour d'elle tous les hippologues à venir. Loin de moi la pensée de ranimer une querelle
mal éteinte ; j'écris pour ceux qui n'y ont pris aucune part : je
ne fais pas de polémique ; j'étudie.

Mathieu de Dombasle s'est placé à la tête de l'opinion contraire à l'existence du pur sang. Il ne suppose pas que le cheval
soit plus exposé à dégénérer dans les pays froids que sous l'influence des climats chauds d'où il tire son origine. Pour le célèbre agronome, le dernier mot de l'amélioration des races, le

germe de toutes les qualités, le fondement de toutes les perfections, animales ou végétales, ont une seule et même source,
l'industrie de l'homme qui sait, de l'homme intelligent. Tout
est dit lorsque ce dernier a su pourvoir aux besoins matériels
de la vie, lorsqu'il a pu tirer du sol les moyens d'alimentation
qui manquaient primitivement dans les pays froids, car les
grands quadrupèdes n'ont été originairement posés vers les régions tropicales que parce qu'une nourriture suffisante y était
assurée par une végétation constante. Le grand secret de toute
civilisation, l'*ultima ratio* de tous les perfectionnements passés,
présents et à venir, sont ainsi ramenés à une question d'appétit convenablement résolue. Et cela est si vrai, que la seule
race d'Orient qui ne soit pas dégénérée et méprisable, qui
reste au dessus des atteintes cruelles des fléaux destructeurs
de toutes les autres, est celle du Nedj, élevée et maintenue au
plus haut point de l'échelle à la faveur d'un régime un peu
exceptionnel peut-être, mais qui fait autant d'honneur à l'art
culinaire chez l'Arabe du Nedj qu'aux inclinations gastronomi-
ques du cheval qu'il nourrit (1). En ceci pourtant une chose
m'embarrasse, et je ne sais trop comment l'expliquer. Le cheval a été créé et mis au monde pour vivre exclusivement d'herbes et de grains : nul n'a jamais contesté ce fait zoologique.
Comment donc n'est-on pas parvenu à le doter de toute la
somme des perfections dévolues à sa nature qu'en le tenant à
un régime habituel diamétralement opposé aux convenances de

(1) « Le cheval nedji est nourri d'une manière particulière :
» des dattes, de l'orge, du lait de chamelle, du bouillon de viande
» et même de la viande, voilà ses aliments ; et on ne lui permet
» l'usage de l'herbe que pendant quarante jours de l'année : c'est
» son carême. M. Hamont explique comment on administre la
» viande à ces animaux. On fait cuire le mouton dans de l'eau ; on
» leur en donne le bouillon. Ensuite, les animaux étant rangés au-
» tour d'une table, un Arabe s'occupe à désosser, et distribue à
» chacun sa part. Mais aussi quel cheval ! quel coursier !... »
(Math. de Dombasle, *De la Production des chevaux, etc*, p. 347.)

son organisation , qu'en le soumettant à une nourriture particulièrement composée de substances animales? Je propose la
solution à de plus habiles.

Mathieu de Dombasle s'empare de ce conte des Mille et une
nuits (1) et raisonne ainsi : La race du Nedj elle-même , la
plus parfaite des races orientales , ainsi que toutes les autres ,
est soumise à l'influence du régime et ne peut se soutenir en
dehors des conditions de cette influence. Or , si les races arabes
ne jouissent pas du privilége d'être exemptes de la dégénération dans leur propre pays , comment nous persuadera-t-on que
quelques gouttes de sang de ces races introduites dans celui
des races françaises auront la miraculeuse vertu de préserver
ces dernières de la dégénérescence? Si l'on croit pouvoir porter remède à la détérioration des races par des croisements ,
encore faut-il que la race qu'on y emploie ait pour elle-même
la propriété de résister aux causes de la dégénérescence ; encore
faut-il qu'elle offre , quant au nombre des étalons , des ressources telles qu'il soit possible de revenir toujours à elle sans
être jamais dans l'obligation d'utiliser ses produits de demi-
sang , qui n'ont plus le même pouvoir améliorateur. « Cette
vérité est fondée sur la puissance d'absorption des races naturelles indigènes , qui tend incessamment à tout ramener à leur
type par les influences de localité , si l'on n'y introduit sans
cesse du sang pur de la race au moyen de laquelle on prétend
combattre les influences. » Agir autrement , procéder par le

(1) Je ne veux pas dire que l'Arabe du Nedj ne donne pas à son
cheval des matières animales ; d'autres l'ont dit avant **M. Hamont**.
Mais je nie que le cheval nedji soit particulièrement soumis au régime
du carnivore. Les écrivains qui ont parlé des chevaux du Nedj les
ont toujours présentés comme des plus puissants et des plus nobles
d'Arabie; ils ont signalé le fait de leur alimentation exceptionnelle,
accidentelle, par des matières animales, soit dans la prévision de
grandes fatigues, soit après des travaux excessifs ; mais **M. Hamont** est encore le seul qui ait habituellement nourri ces chevaux
avec des viandes et des bouillons de viande.

petit nombre, c'est avoir la prétention *d'améliorer une barrique de mauvais vin avec un demi-verre de bordeaux*..... Et il conclut ainsi : De quelque côté qu'on envisage les faits, « on ne trouve dans tout cela qu'une grande déception (1). »

Et d'abord, la dégénérescence est inévitable ; c'est une loi de nature, loi immuable et nécessaire à laquelle l'homme est redevable d'une puissance de création réelle. C'est par elle qu'il produit ces déviations de la forme primitive qui donnent à celle-ci des caractères nouveaux et une plus grande utilité relative. Donc, en reconnaissant à certaines races une supériorité incontestable, on n'a jamais avancé qu'elles fussent au dessus de toute atteinte. Ce qui les place au sommet de l'échelle au contraire, ce sont les mille soins judicieux dont elles sont entourées et qui n'ont point d'autre objet que de les préserver de toute dépréciation. En mariant des producteurs choisis dans des races d'élite avec des femelles d'une race inférieure, on ne se propose guère aujourd'hui de reproduire, par une suite non interrompue de générations, le type de la race améliloratrice : on poursuivrait bonnement une grosse impossibilité ; et en suivant la marche dénoncée par Mathieu de Dombasle, on tenterait bien en effet d'améliorer une barrique de mauvais vin avec un demi-verre de bordeaux. Mais si les termes du problème sont autrement posés ; si, dans l'emploi du bon cheval que l'usage a fait qualifier de pur sang, on trouve le principe, non plus de l'amélioration des races équestres (on a tellement abusé de ce mot, qu'il finit par embrouiller le sujet), mais de l'appropriation de ces races aux services divers, aux exigences de tous les temps, il faudra bien passer condamnation, et admettre qu'il y a dans la nature même du cheval une puissance (2)

____

(1) *Loco citato,* p. 351.

(2) « Le cheval arabe a créé la race anglaise, si vite ; la race » espagnole, si souple et si brillante ; la race allemande, propre à tant » de services. Cette admirable flexibilité tient à ce que le cheval » type n'a aucune spécialité, mais toutes les perfections et le ger-

inhérente à certaines influences et dont l'énergie décroît en raison même de l'affaiblissement des conditions sous lesquelles
elle se développe et se conserve.

Eh bien! une longue suite d'observations recueillies dans
tous les siècles le prouvent d'une manière irréfragable : cette
puissance vive n'acquiert toute son intensité, toute sa richesse,
toute son activité, toute son amplitude, si je puis ainsi m'exprimer, que sous l'action de certains climats réunie à des circonstances heureuses de régime, et à des conditions bien entendues de reproduction et d'élevage.

Cela posé, il est simple, il est logique d'aller demander aux
races privilégiees, qui sont ainsi entretenues, l'élément de force
qui constitue le premier mérite de l'espèce et qui va s'affaiblis
sant toujours sous les influences contraires à son développement et destructives de son principe. En y revenant de temps à
autre, en le rappelant en temps utile, on ne noie pas sans résultat appréciable un demi-verre de bon vin dans une barrique
de surène; on verse utilement quelque gouttes d'une liqueur
concentrée, puissante, dans une certaine quantité de liquide qui
en acquièrt des propriétés nouvelles et cesse d'être fade ou in-
sipide.

Non, tout n'est pas dit lorsqu'on est parvenu à faire produire
au sol des aliments appropriés et en süffisante abondance. Ce
n'est là qu'un des côtés de la question, et, bien que l'animal
puise les éléments de son existence, les matériaux qui le constituent, dans les produits de sa digestion, il y a pourtant en lui
quelque chose qui procède d'une autre source, qui vient de
plus haut ou de plus loin. — Il y a le principe d'où il sort, puisque sa vie n'est que la continuation de la vie de ses auteurs. Si
donc rien n'altère ce principe, si des soins judicieux sont puissants à le conserver entier, n'est-il pas évident qu'on le trou-

» me de toutes les spécialités; il n'y a qu'à les développer en
» lui. »

(Baron de Curnieu. *Observations sur l'ouvrage du marquis Oudinot,* p. 47.)

vera fort, qu'on le trouvera pur dans la suite des générations? N'est-ce donc pas le cas particulier des races de pur sang reproduites en Europe?

Les physiologistes disent fort bien que tous les matériaux qui entrent dans le corps des animaux traversent le sang, se mêlent à sa composition, et, finalement, en font tous partie avant d'être expulsés, sauf le détritus des aliments, transformé en matière fécale. — Ils expliquent de même comment s'opèrent la décomposition et la recomposition continuelles de la machine, soit par le rejet et l'assimilation des matériaux nutritifs que l'animal pompe dans les substances alimentaires versées dans son intérieur, soit par l'air qui pénètre dans l'organe pulmonaire. — On comprend même parfaitement comment la qualité variable des nourritures, comment les conditions propres des divers climats, peuvent modifier les caractères et les propriétés vitales du sang ; — comment ce liquide, suivant les forces et la vitalité acquises, doit modifier à son tour la nature des solides qu'il est appelé à former de toutes pièces; — et l'on se rend ainsi compte facile des causes et des effets de l'altération des races vivant sous des influences peu favorables à la conservation de la puissance originaire du sang, que nous avons constatée déjà chez certaines races, sans pouvoir la mieux définir. — Mais il n'est jamais venu à la pensée d'aucun physiologiste de faire commencer le mouvement circulatoire à l'intestin, au moment où le résultat de la digestion, — le chyle, — est enlevé par les vaisseaux absorbants, et va se mêler à la lymphe et au sang veineux pour rouler avec eux jusqu'au cœur, pour en sortir bientôt, se répandre dans toutes les parties de l'organisme, et revenir encore au cœur avec des propriétés moins élevées, chargé pourtant de nouvelles richesses, par une marche opposée à celle déjà suivie, pour recommencer ensuite et ne s'arrêter qu'avec la cessation même de l'existence de l'animal. L'estomac n'a jamais été constitué le centre de la vie, et l'opinion de Mathieu de Dombasle, si chaudement défendue, en ferait le siége, ou tout au moins le point de départ, la source première de toutes qualités et de toute valeur. Nous préférons.

nous, car cela nous semble être plus vrai, en voir le germe, le principe, dans le *sang*, comme l'on dit, dans ce je ne sais quoi de si subtil et si impénétrable que le fils tient de ses ascendants, et que l'acte de la reproduction rend indestructible : *le sang ne se perd pas.*

Mathieu de Dombasle a lui-même implicitement reconnu cette vérité fondamentale en s'occupant de la race anglaise de pur sang, qu'il qualifie de *race universelle.* Cependant il n'entre pas dans mes vues de lui faire dire ce qu'il n'a pas pensé. Il appelle la race anglaise — une race universelle — parce que l'emploi des mêmes moyens assure partout sa reproduction entière, attendu que ces moyens ne laissent presque aucune prise aux influences de localité. Eh! sans doute, c'est là ce qui constitue sa supériorité sur la race arabe elle-même, au moins dans la plus grande partie de la France. Pour se reproduire de premier jet avec toutes ses perfections, je l'ai dit ailleurs, le cheval arabe veut un concours de circonstances hors lesquelles il déchoit et perd de sa valeur. Eh! bien, dès qu'il est tombé au dessous de son niveau, il ne va plus en rien à nos besoins. Ce qui nous le rendait précieux, c'était la pureté de son sang, la force de reproduction qui était en lui, son énergie native; ce pouvoir concentré qui se développait avec tant d'utilité chez ses fils... Une fois affaibli, à quel emploi l'appliquerions-nous? à quel usage nous serait-il donc permis de l'utiliser?... Mais si, par des soins judicieusement combinés, vous parvenez à empêcher sa chute; si, par un ensemble de moyens bien entendus, vous le maintenez dans toute sa puissance; si, par un choix scrupuleux de reproducteurs, vous conservez à sa descendance toute sa noblesse, oh! alors vous vous l'êtes approprié, vous l'avez acclimaté à un nouvel ordre de choses, et vous le posséderez entier, dans toute la plénitude de la force qui est en lui, aussi long-temps que vous ne faillirez pas à la tâche que vous vous serez imposée... Telle est la condition du cheval anglais, et vous ne voulez pas qu'il soit qualifié de *pur sang!* Mais alors il ne serait pas le cheval universel, comme vous le dites; il ne se reproduirait pas ailleurs, partout, à l'aide des mêmes moyens : car ce qui le soutient à son niveau c'est le sang, la pureté de sa race, cette force particulière inhérente à sa nature, cette puissance conservatrice qui est son premier apanage et qui lui permet de lutter victorieusement contre les causes de destruction qui tendraient à l'altérer sans cesse. Le mode d'alimentation est certes d'un immense secours dans cette œuvre ; mais seul il serait complétement inefficace.

Voyez donc ce qui est arrivé partout ailleurs qu'en Angleterre, partout où l'on n'a point opposé aux forces d'altération et d'affaiblissement une action bien combinée, des moyens salutaires. Là, le cheval le plus noble, le plus fort, le plus pur, a dégénéré ; partout il est tombé au niveau de l'indigénat. Ailleurs, au contraire, lorsqu'un système de reproduction sévère n'a point permis de mésalliance, lorsque les soins d'élevage sont venus prêter leur concours au pur sang arabe, il s'est encore reproduit dans toute sa pureté et dans toute sa richesse. Telle est encore la condition de la famille arabe de pur sang réunie et entretenue avec tant de sollicitude au haras de Pompadour. Mais que sont devenus autour de lui les nobles rejetons des races orientales ? On retrouve bien encore çà et là quelques traces de sang, mais nulle part il ne s'est conservé pur. Loin de là, il s'est refroidi, éteint, à tel point qu'on ne saurait plus en tirer aujourd'hui aucune utilité réelle, aucune utilité immédiate. Et cependant, vous le dites, la race indigène au Limousin vivait dans un milieu *très propre à conserver indéfiniment les qualités des races les plus nobles*, car elle avait par elle-même une grande affinité avec la race-mère (1).

(1) « On peut dire que là (en Limousin) l'importation de la race
» arabe présente peu d'utilité : car, soit que la race indigène soit
» naturelle à cette contrée, soit qu'elle ait été modifiée, comme
» quelques personnes le croient, par d'anciennes importations de
» chevaux orientaux, on peut, par des soins convenables, la main-
» tenir dans toute sa pureté et avec toutes ses qualités, sans de
» nouvelles importations de sang étranger. »

(Math. de Dombasle, loco citato, p. 350.)

Eh bien! prenez-la aujourd'hui dans les conditions d'infériorité où elle est tombée; prenez à tâche de satisfaire au plus haut point tous ses appétits; cherchez dans les améliorations du sol tous les éléments qui vous sont indispensables pour atteindre le but; alliez toujours entre eux dans la même ligne, *in the same line*, les sujets les plus capables; opérez sur vingt, sur trente générations, et, quoi que vous fassiez, vous ne donnerez pas à la race limousine *la pureté du sang*. Vous l'élèverez de plusieurs degrés sur l'échelle, vous la rapprocherez beaucoup du sommet, vous l'approprierez parfaitement à certains usages du temps, vous en ferez une race utile, précieuse à cultiver, mais elle n'arrivera point au pur sang..... Pardonnez la trivialité de ma citation : ***D'un sac à charbon il ne sort point de blanche farine.***

Non, le régime, et une domesticité si honorable et si soigneuse qu'on les suppose ne feront jamais d'une race déchue une race de pur sang. Ce n'est point ainsi qu'a été obtenue la race anglaise, quoi qu'on en dise. Et d'ailleurs il est un point auquel l'amélioration s'arrête naturellement et forcément dans chaque localité lorsqu'on la poursuit d'après le système et les idées de ceux qui ne croient pas au pur sang; il est un point d'élévation au dessus duquel, quoi qu'on fasse, il n'y a plus qu'impuissance. Et quand, dans le mode d'amélioration des races par elles-mêmes, on a atteint cette perfection, on sent bien la nécessité impérieuse d'avoir recours à des moyens nouveaux, d'employer des forces nouvelles.

Un fait à l'appui. — Nul ne récusera l'autorité de **M. J. Rieffel.** — Analysons ce qu'il a écrit pages 96 et suivantes de la **1**re livraison de l'*Agriculture de l'ouest de la France*, au sujet du troupeau de bêtes à laine de Grand-Jouan.

Le domaine était riche en terres incultes avant le défrichement; il n'y eut que le mouton qui put vaguer avec quelque profit sur ces landes immenses, et encore quel mouton! Le peu d'exigences de la race du pays, sa rusticité, la rendaient pourtant plus capable que toute autre dans les circonstances données; elle fut adoptée dans la pensée qu'elle s'élèverait progressivement en raison même des progrès de la culture et de l'augmentation des ressources alimentaires. On partit de bas; mais l'amélioration ne repousse aucuns éléments. Une hygiène mieux entendue, moins d'abandon, quelque attention dans les accouplements, accrurent la valeur du troupeau, et compensèrent largement les dépenses nécessitées par une tenue parcimonieuse. Les générations se succédèrent. En sept années le poids moyen des bêtes fut porté de 15 kilog. et demi à plus de 23 kilog. et demi; le poids moyen des toisons s'éleva de 1 demi-kilog. 55 à 1 demi-kilog. 68, et le prix du kilogramme de laine, vendu en suint, de 1 fr. 70 cent. à 2 fr. 40 cent.

« Mais à ce point, dit M. J. Rieffel, j'ai dû songer à engager mon troupeau dans une voie nouvelle. Car désormais il y a peu d'espoir de progrès dans le poids des toisons; en continuant la marche suivie jusqu'à ce jour, les béliers reproducteurs ne dépassent guère mes propres limites. Le sol d'ailleurs acquiert chaque jour plus de valeur, et avec l'augmentation de fécondité la pâture devient plus riche, plus substantielle. Les bêtes à laine vont donc être appelées à payer une rente plus élevée. Dans les considérations nouvelles qu'il m'a fallu passer en revue pour savoir quel mode j'adopterais, je me suis décidé à un croisement..... »

Pourquoi donc M. Rieffel aurait-il changé de système pour donner une plus haute valeur à son troupeau, pour en tirer un revenu plus en rapport avec la fécondité nouvelle de ses terres si le régime seul avait été puissant à opérer ce prodige? Pourquoi n'a-t-il pas songé à élever le mouton des landes au niveau du mouton mérinos par exemple, ou de telle autre race mieux adaptée aux circonstances diverses et au milieu dans lesquels il lui était donné d'agir? Pourquoi n'a-t-il pas songé à se créer une race de pur sang quelconque?

Ce fait me paraît être d'une très haute importance pratique, d'une très haute signification scientifique dans la question qui vient d'être étudiée. Aussi je le livre avec confiance aux méditations de ceux qui ne croient ni à la nécessité des croisements, ni à l'efficacité du pur sang comme principe d'amélioration ou d'élévation des races, lorsque, par une culture judicieuse et raisonnée, elles ont été amenées à la plus grande somme de perfection relative qui soit dans les seules ressources de la localité, intelligemment sollicitées.

III.

Huzard père n'admet qu'un seul cheval de pur sang, l'arabe, et en cela il est d'accord avec un autre écrivain de mérite, Préseau de Dompierre.

M. Huzard fils ne distingue pas les races de pur sang entre elles. Pour lui, toute collection d'animaux ayant des caractères distincts et transmissibles forme race. Tous les individus qui reproduisent sous les mêmes influences et lèguent à leur descendance les caractères qu'ils tiennent de leurs auteurs sont par cela même des animaux de race, c'est-à-dire de pur sang. Il y a donc autant de *pur sang* différents qu'il existe de races. Malgré cela pourtant M. Huzard fils n'admet pas un égal degré de valeur dans les diverses collections d'individus d'une même espèce : les unes sont nobles, les autres médiocres, d'autres encore sont tout à fait inférieures. Eh bien, dans l'espèce du cheval, la plus noble de toutes c'est encore la race arabe. — A ce point de vue donc il se rapproche des deux premiers hippologues que j'ai cités, et qui peuvent bien être considérés comme les chefs du parti arabe exclusif.

Préseau de Dompierre a écrit consciencieusement et avec conviction. Toutes ses déductions sont logiques, et sa conclusion, parfaitement rigoureuse, entraîne vers lui. Il n'existe dans l'univers entier qu'une seule race pure : celle du cheval arabe. Ce germe précieux est unique ; de lui seul découle tout principe d'amélioration.

Les meilleurs chevaux, dans quelque genre que ce soit, seront toujours ceux qui auront reçu dans leurs veines une plus grande quantité de sang arabe, parce qu'il n'a rien perdu des qualités que lui a données la nature. Le croisement des races inférieures est donc indispensable. Toutefois par croisement il ne faut pas entendre ce mélange confus, incessant, des animaux de toutes les parties de la terre ; mais le renouvellement constant du premier germe, du type primitif (1).

Telle est en substance la théorie de Préseau de Dompierre ; elle est une et parfaitement homogène. Cependant il s'en écarte le premier dans le plan qu'il trace pour l'organisation de haras souche, de haras pépinière, comme il les appelle. En théorie, il exclut d'une manière absolue la naturalisation ; il veut le renouvellement constant des races par le croisement au moyen du cheval père. En pratique , il organise un moyen d'acclimatation graduée qui doit successivement fournir aux races inférieures , aux races du nord , des reproducteurs issus de la souche primitive , mais s'en éloignant déjà de plusieurs degrés. Ainsi, il divise ses haras de pépinière en établissements de premier, deuxième , troisième , quatrième et cinquième ordres, placés à 2 degrés (ou 50 lieues astronomiques) les uns des autres , embrassant dans leur sphère d'action toutes les races françaises , et partant du point le plus méridional pour arriver ensuite à la partie la plus septentrionale ; le haras de deuxième ordre, recevant ses reproducteurs de celui qui le dominerait par le sang, en fournirait à son tour à celui de troisième ordre, et ainsi des autres. Mais dans tous , à l'exception du premier, la reproduction s'opère par les mâles sur les femelles indigènes à chaque circonscription établie. La loi de nature est donc rigoureusement observée. L'amélioration procède toujours du midi au nord ; seulement la pratique fait usage de reproducteurs autres que ceux d'Arabie non encore naturalisés, tout récemment importés de la terre natale , et la théorie ne reçoit d'application pleine et entière que dans le haras de premier ordre.

Voilà en quoi d'aucuns la trouvent défectueuse.

Cependant il est juste de dire que Préseau de Dompierre ne s'est occupé de l'amélioration que sous un seul point de vue, celui du croisement, et qu'il a complétement négligé une autre question fort importante encore, celle de la naturalisation du

(1) *Traité de l'éducation du cheval en Europe* (chap. 1er).

cheval primitif sur une terre étrangère. C'est là en effet un point de doctrine bien différent.

Tout ce qu'a dit Huzard père (1) en faveur du cheval arabe est plein de vérité et ne laisse pas un mot à reprendre. Il n'en est pas de même lorsqu'il parle du cheval anglais, qu'il ne connaissait pas. Et cela est si fondé, qu'il ne désigne pas une seule fois, dans tout son livre, le cheval de pur sang, mais le cheval de sang seulement, c'est-à-dire le produit croisé, le métis obtenu en Angleterre du mariage du cheval d'Orient avec la jument indigène. Huzard père, dont la science était vaste, déniait avec raison le pouvoir améliorateur, la faculté de créer et de fonder des races perfectionnées, aux chevaux de sang tels que la France en avait importés, et à l'emploi desquels on reprochait alors, à tort ou à raison, la dégénération dont la race normande se trouvait atteinte. Mais qu'il en eût parlé autrement si, au temps où il écrivait, on avait connu le cheval de pur sang comme on le connaît aujourd'hui, s'il avait été convaincu, comme presque tous les hippologues de notre époque, de sa filiation directe et sans mélange avec ces belles races orientales qu'il se plaisait tant à vanter ! Il eût mis à leur niveau la précieuse race que le grand nombre préfère maintenant.

Quant à M. Huzard fils, il a nettement formulé son opinion. La race arabe est bien certainement pour lui la première du monde ; il rend justice à celle que l'on est convenu d'appeler *pur sang* en Angleterre ; mais il lui conteste sa filiation directe et sans mélange, non seulement avec l'arabe, mais même avec les autres races d'Orient. On se rend difficilement raison de toute la peine qu'il a prise pour prouver cette assertion un peu hasardée « que la race anglaise, sans excepter les chevaux dits de pur sang, est une race formée par métissage très ancien, quelquefois interrompu, mais souvent renouvelé avec les races orientales, aidé aussi par un régime de bons soins résultant de l'institution des courses ».

Quelques hippiatres partagent l'opinion émise par M. Hu-

______

(1) *Instruction sur l'amélioration des chevaux en Europe.*

zard fils ; d'autres , plus nombreux. la repoussent au contraire, et entre autres le comte de Weltheim , l'un des éleveurs les plus célèbres de l'Allemagne , qui a publié un écrit dans le seul but de la combattre. Il faut bien dire qu'il s'en est tiré de manière à donner ses convictions à beaucoup de ceux qui l'ont étudié.

M. d'Aure dit aussi quelque part : « Lorsqu'on songea sérieusement à l'amélioration de nos races, des hommes éclairés jetèrent les yeux sur l'Orient pour y rechercher chez les tribus arabes la race primitive pure et sans mélange...... ; mais, afin de n'être pas toujours tributaires de l'Arabie, les Européens tentèrent d'acclimater cette race de noble sang qu'aucune mésalliance n'avait tachée. Indépendamment des étalons , ils importèrent des juments de pur sang , afin de faire naître le pur sang en Europe. Il fallait de grands soins pour que des produits qui auraient dû naître sous un ciel et sur des sables brûlants pussent s'acclimater dans un pays humide....... Les Français eurent peu de succès , parce qu'ils n'y mirent point de persévérance ; mais l'Angleterre au contraire a réussi complétement en suivant dès le principe les errements des Arabes à l'égard des généalogies ».

Ce débat d'ailleurs existait depuis long-temps. Bourgelat lui-même , sans oser se prononcer, avait senti néanmoins faiblir un instant son système exclusif du croisement. « Des personnes , a-t-il écrit , soutiennent que les chevaux anglais dits de race ne sont que ceux qui proviennent en ligne directe de chevaux et de juments arabes ; mais ces juments sont-elles d'un sang véritablement pur ? Il serait d'autant plus intéressant de vérifier ce point *que l'on croit* assez communément à l'indispensable nécessité de croiser les races ». Or on sait ce que Bourgelat entendait par ces mots : *croiser les races.* Ce n'est plus le système rationnel de Préseau de Dompierre ; ce n'est plus la loi de nature découverte par notre grand naturaliste , par Cuvier.

D'autres écrivains ont été plus explicites.

Un hippologue érudit autant qu'il était modeste et conscien-

cieux, Camille Mellinet, admet sans conteste la pureté de la race anglaise de pur sang , c'est-à-dire son extraction directe d'é-
talons et de juments d'Orient.

Les auteurs du cours d'équitation militaire de Saumur ont
formulé la même opinion en ces termes : le cheval ou la jument
de pur sang est en Angleterre le cheval ou la jument nés de
père et de mère descendant directement de la race créée dans
ce pays, il y a environ deux siècles, par des étalons arabes et
des juments barbes.

Pour M. Ach. de Vaulabelle, cette assertion est si bien démontrée, qu'il écrit : « Il n'y a *personne* qui ne sache aujourd'hui
que le pur sang anglais n'est autre chose que la descendance directe et sans mélange de producteurs orientaux , étalons et juments, qui furent importés en Angleterre dans la première moitié du XVIIe siècle. »

« On n'a donné aux chevaux de course anglais, dit M. de
Burgsdorf, le nom de chevaux de pur sang que parce qu'ils
sont le produit direct, et sans mélange aucun de sang impur,
d'accouplements de chevaux arabes (1). »

Le duc de Schleswig-Holstein confirme encore cette assertion
de la manière suivante : « Jamais les Anglais n'ont appliqué le
nom de chevaux de pur sang qu'aux chevaux descendant, directement et sans mélange , de chevaux orientaux , soit que ces
derniers aient été introduits sous Charles II , époque que l'on
assigne à la création de leur race supérieure , soit qu'ils aient
été importés postérieurement (2). »

Combien de fois là même opinion n'a-t-elle pas été reproduite dans les colonnes du *Journal des Haras* depuis plus de
quinze ans? Toutefois, négligeons ces citations, qui fatigueraient
à la fin, pour une seule qui les résumera toutes , et que nous
puiserons dans un travail de M. le duc de Guiche , publié en
1833.

« On aurait évité beaucoup d'erreurs et de controverses, dit

(1-2) *Des Institutions hippiques,* etc., par M. le comte de
Montendre, tome I.

le noble duc, si l'on eût défini clairement les expressions de *cheval de sang*, cheval de *pur sang*, qui paraissent avoir été empruntées des Anglais, plus heureux et plus avancés que nous dans leurs efforts pour améliorer l'espèce chevaline.

» Ils nomment cheval de sang (blood-horse) celui qui, par une filiation plus ou moins éloignée, et par des *croisements* plus ou moins multipliés, descend de la race arabe, et en conserve jusqu'à un certain point les caractères extérieurs et les qualités.

» La dénomination de chevaux de pur sang (thoraugh-bred) ne s'applique qu'aux chevaux arabes, ou aux chevaux anglais qui, par une filiation *non interrompue* et sans souillure, tant du côté du père que du côté de la mère, descendent des chevaux arabes importés et naturalisés en Angleterre.

» L'expression pur sang a donc été et doit être exclusivement réservée au cheval arabe, ou à sa postérité sans mélange naturalisée en Europe, parce que cette race est reconnue comme la race par excellence, comme le type de la perfection, et comme la source de toutes les améliorations des autres races inférieures. »

M. le duc de Guiche, aujourd'hui duc de Grammont, répond victorieusement à M. Huzard fils, et plus qu'un autre il fait autorité en pareille matière. Il nous débarrasse ainsi du troisième et dernier adversaire considérable, puisqu'il formait, avec Huzard père et Préseau de Dompierre, la tête de colonne du parti opposé à la reconnaissance de la pureté sans souillure du cheval anglais de pur sang. Reste comme argument, en faveur de l'opinion contraire, la preuve, apportée par M. Huzard fils, que certains chevaux inscrits au Stud-Book anglais n'y présentent pas la double origine orientale.

Examinons.

Avant tout, admettons comme parfaitement consciencieuses les recherches faites à ce sujet par M. Huzard fils. A Dieu ne plaise qu'on essaie de recommencer après lui, titre de contrôle! Mais ces recherches ont-elles donc la signification que leur donne l'auteur? On peut en douter. Il est souvent très difficile, même pour ceux qui savent lire dans le Stud-Book, d'y suivre la filiation tout entière d'une famille pendant une longue suite de générations : car (et dans les commencements il a fréquemment dû en être ainsi) beaucoup de produits n'y sont pas nominativement désignés, ce qui brouille quelquefois à tel point, que le plus habile a peine à s'y retrouver, si même il ne s'y perd tout à fait. Mais telle n'est pas la question.

Pour ceux qui ne voient point de salut en dehors de cheval de pur sang, la conséquence naturelle de l'opinion de M. Huzard fils conduirait tout droit au rejet absolu, comme reproducteurs, de toutes les poulinières et de tous les chevaux amenés d'Orient en Europe. Les plus nobles y sont arrivés sans parchemins, sans preuve matérielle ou officielle de la pureté de leur origine. Je ne veux citer qu'un exemple. GODOLPHIN-ARABIAN, cette grande célébrité achetée d'un porteur d'eau à Paris, qui partage avec un très petit nombre d'autres chevaux orientaux le mérite d'avoir fondé la meilleure race chevaline de l'Europe, et que M. Huzard lui-même admet parmi les plus nobles chevaux qui aient jamais existé, Godolphin-Arabian n'a été reconnu de pur sang qu'en raison de la supériorité qu'il léguait à ses produits. Sa généalogie n'a jamais pu être tracée ; et John Lawrence, sur qui s'appuie si volontiers M. Huzard fils, s'attache à démontrer avec un soin tout particulier qu'on ne put même jamais rien savoir de la contrée où il avait été élevé.

Enfin M. le duc de Guiche est bien loin de ce rigorisme, malgré toute la sévérité qu'il exige pour l'admission au Stud-Book. C'est, dit-il, lorsque l'on veut faire l'acquisition d'un cheval de course, d'un étalon ou d'une poulinière de pur sang, la seule garantie dont on ait besoin, si l'on peut d'ailleurs s'aider de sa propre intelligence, et il n'en faut pas une grande dose pour étendre ses recherches jusqu'à la deuxième ou à la troisième génération. Quiconque en Angleterre chercherait à justifier son choix hors du Stud-Book et de la publicité, dans l'opinion des autres, y serait l'objet de la risée générale et la victime des connaisseurs....

Au surplus, ce point sera plus amplement éclairci dans un autre chapitre de ces études.

IV.

Pourquoi faut-il maintenant que nous ayons à combattre aussi l'absolutisme de **M**. le duc de Guiche, dont l'autorité vient de nous prêter un si bon appui contre **M**. Huzard fils ! Serait-il donc impossible qu'on ne trouvât pas toujours l'ivraie mêlée au bon grain ? Cette pensée nous rend très circonspect, car il semble qu'il n'y ait que le très petit nombre qui jouisse du privilége spécial d'être complétement exempt d'erreur.

M. le duc de Guiche n'admet la qualification de pur sang que pour deux races seulement : — 1° la race arabe dans ceux de ses réprésentants ayant été éprouvés et s'étant montrés supérieurs en qualité : car elle est le principe de toute amélioration, car seule, lorsqu'on l'abandonne, lorsqu'on la livre à elle-même et qu'on la nourrit mal, elle conserve encore assez d'énergie pour combattre avec succès la dégénération qui, en pareilles conditions, se manifeste rapidement dans toutes les autres races et dans tous les autres pays du monde ; — 2° la race anglaise de pur sang, qu'il faut nécessairement considérer comme race pure dans son principe, dans le sang, puisqu'elle est le produit sans mélange du cheval et de la jument arabes, importés et naturalisés en Angleterre, perfectionnés ensuite par des unions bien assorties entre individus de même race, mais de familles différentes, afin d'éviter les inconvénients désastreux de la consanguinité.

Ainsi **M**. le duc de Guiche refuse des lettres de noblesse, la qualification de races de pur sang, à celles des familles équestres issues de la race-mère sans dégénération appréciable, malgré les modifications légères apportées à la forme extérieure. Cependant il les exclut avec un tel absolutisme, qu'il ne les considère pas seulement comme des émanations *dégénérées*, mais comme des races *abâtardies*, résultant de croisements entre le cheval arabe médiocre et la jument indigène des pays qui avoisinent l'Arabie. — Les races barbe, turque et persane, — des races abâtardies !.... Oh ! vous ne pouvez sans contradiction soutenir cette opinion ; elle détruirait celle qui vous fait classer la race anglaise de pur sang au niveau de la race arabe elle-même : car, ainsi que vous le dites, les Anglais ne l'ont point formée par le transport exclusif, sur le sol de la Grande-Bretagne, de sujets arabes éprouvés, — mâles et femelles ; — d'autres sujets appartenant à des démembrements de la souche primitive ont souvent concouru aussi à l'entretien de la famille transplantée, et parmi ces derniers il en fut des plus célèbres et des meilleurs, en tête desquels il faut inscrire bien vite le nom de *Godolphin-Arabian*, que tout le monde fait naître en Barbarie, d'où il aurait été extrait par un M. Coxe, sans généalogie, et avec ce seul renseignement qu'il était né en 1724.

Il faut bien admettre que les races barbe, turque et persane, ne sont que des dérivés de la race-mère, et que, tout en ayant conservé avec elle une filiation directe et non interrompue, elles ont perdu néanmoins quelque chose des caractères extérieurs qui distinguent ou différencient la race arabe. Mais faut-il conclure de ce fait que l'on doive repousser impitoyablement de la reproduction tout cheval et lui refuser les honneurs d'une inscription au Stud-Book par cela seul qu'il vient de la Barbarie, de la Turquie ou de la Perse ? Non sans doute... De même ne faudrait-il pas davantage accepter comme vraies et authentiques toutes les lettres de noblesse qui seraient présentées en faveur de tout cheval quelconque venu d'Arabie.... Tous les chevaux arabes ne sont pas de pur sang, vous le dites encore. Il en est de médiocres et qui sont déchus ; mais en Arabie on les trouve meilleurs et plus nombreux que partout ailleurs. Les chevaux de pur sang sont plus rares en Barbarie, en Turquie et dans la Perse ; mais il en existe cependant, et la commission officielle du Stud-Book, en France, a fait sagement, semble-t-il, et a raisonné suivant la logique et la science, en admettant au nombre des animaux de pur sang qui ont été introduits chez nous ceux qui appartenaient aux races pures barbe, turque et persane, toutes les fois qu'elle a eu la preuve authentique, la certitude matérielle et morale, de l'origine, non seulement quant aux pays d'où ces animaux provenaient, mais encore quant à la famille d'où ils sortaient.... ; et celle-là devait être noble et pure, reconnue telle dans le pays même. Ajoutons que la commission nommée pour la formation du Stud-Book en France n'a pas agi autrement qu'il n'a été fait en Angleterre pour les inscriptions au Stud-Book anglais. Or M. de Guiche, plus que personne, accepte l'authenticité de ce livre ; sans elle, en effet, toutes ses idées hippiques, son système d'amélioration tout entier, s'écrouleraient, et ils sont établis sur une base large, saine et solide.

Le Stud-Book français est donc complétement hors de la critique du noble duc, de même que le Stud-Book anglais n'a rien à redouter des recherches de M. Huzard fils. — Que si, par exception, quelques chevaux y figurent sans avoir une origine sans tache, c'est tout simplement une noblesse illégitime, concédée à des intrus. Mais cette exception n'atteint en rien le principe ; elle concerne quelques individualités isolées, non la race dont on les a crues sorties en ligne directe et sans mélange.

V.

Pour en finir avec ces opinions contradictoires, nous avons encore à examiner s'il y a quelque fondement dans la pensée de ceux qui n'admettent comme étant de pur sang que les seuls chevaux inscrits au Stud-Book anglais, ou ceux qui, nés hors de la Grande-Bretagne, se rattachent exclusivement cependant au pur sang anglais, de près ou de loin, par la double origine anglaise de leurs ascendants, dont les noms doivent se trouver au *general Stud-Book*.

Cette opinion est celle que professe *la Société d'encouragement pour l'amélioration des races de chevaux en France*, beaucoup plus connue sous le nom de *Jockey-Club*. Elle refuse la qualification de pur sang à toutes les races d'Orient, desquelles est pourtant sorti, en ligne directe et sans mélange (style consacré), le cheval anglais de pur sang.

Cet absolutisme a soulevé une immense tempête dans le monde hippique. Deux camps ont été formés soudain, et de part et d'autre la cause a été chaudement plaidée. C'est au temps à prononcer maintenant : car, ainsi que je l'ai déjà écrit, les partis sont encore en présence. L'orage ne gronde plus, mais le calme ne règne qu'à la surface.

Voyons pourtant quelles objections ont été faites aux partisans exclusifs de pur sang anglais.

Et d'abord, déclarons bien nettement que, dans cette partie du litige, nous nous bornerons à raconter en substance ce qui a été argué contre les doctrines de la Société d'encourament, laissant au parti arabe tout entier la responsabilité double et du fond et de la forme.

Eh quoi ! dit-on, vous repoussez de la grande famille de pur sang le cheval arabe lui-même, le père de tous les autres ? Vous lui déniez la faculté d'améliorer les races, à lui, et vous accordez toute puissance à ses descendants ? Mais ce n'est pas seulement un contre-sens, c'est une folie ! Vous êtes-vous donc bien compris vous-mêmes lorsque vous avez décrété la déchéance du pur sang arabe en faveur du pur sang anglais ? Si une pareille idée avait germé dans le cerveau de quelque Anglais malade comme elle est sortie de l'imagination de nos grands sportsmen français, le fait n'est pas douteux, on aurait vu s'organiser à côté de ce Jockey-club anglais un Jockey-club arabe, si l'on peut dire ; puis à quelque temps de là des paris extravagants se fussent organisés sur la supériorité des chevaux de chaque origine, et l'expérience eût décidé, car les conditions de courses, les épreuves, eussent été nécessairement modifiées… Mais, reprend-on, il y eût eu à cela une petite difficulté : celle de trouver parmi les chevaux de pur sang nés en Angleterre des individus qui n'eussent pas, dans leurs veines, quelques gouttes de ce sang que l'on ne veut plus considérer comme pur.

Arrière donc, Messieurs du Jockey-club ! libre à vous de réserver tous vos prix, toutes vos faveurs, pour les chevaux que vous appelez de pur sang anglais ; libre à vous d'en exclure ceux qui, nés sur le continent, comptent parmi leurs auteurs un ascendant ou paternel ou maternel de pur sang oriental, qui pour vous néanmoins serait de pur sang s'il avait été importé en Angleterre au lieu d'avoir été directement conduit d'Orient en France ou en Allemagne (1); libre à vous, c'est votre droit ! mais n'érigez pas en principe de pareilles erreurs.

Ceci, on le voit, ne serait plus de la discussion. Mais on répond :

— Le Jockey-club, lui, ne discute pas, et ses doctrines ne sont pas seulement exagérées ; elles sont fausses, dangereuses et préjudiciables. Qu'a-t-il objecté à ceux qui lui ont dit : Il n'y a pas en Angleterre, dans toute l'Europe, une seule race chevaline de pur sang. Le cheval de pur sang ne peut naître qu'en Arabie ; et encore, entendons-nous bien, tous les chevaux arabes ne forment pas une seule et même famille, une race unique que l'on puisse décorer du nom de pur sang. — Toutes ont plus ou moins de noblesse et de valeur ; mais celles-là seulement qui portent sans atteinte, extérieurement et intérieurement, physiologiquement et moralement, le sceau de toutes les perfections compatibles avec la nature de l'espèce, celles-là seulement sont de pur sang.

— Le Jockey-club ne répond pas davantage à ceux qui lui répètent : Il n'y a que quelques races orientales, en tête des-

(1) Et de fait, *Massoud, ce roi du jarret*, l'un des meilleurs chevaux arabes qui soient jamais venus d'Arabie en Europe, *Massoud*, qui, parce qu'il n'a point été importé en Angleterre, n'est point un cheval de pur sang pour Messieurs de la Société d'encouragement de Paris, malgré les vainqueurs qu'il a donnés à l'hippodrome ; *Massoud* serait pourtant fort recherché aujourd'hui dans son sang, dans sa descendance, si, ayant séjourné en Angleterre avant son arrivée en France, le temps physiquement nécessaire pour une inscription au *general Stud-Book*, il eût donné, par ce fait seul, à ses produits le titre, la qualification, exigés... *Eylau, Agar, Quine, e tutti quanti*, ne seraient point frappés d'ostracisme et seraient aptes à disputer tous les prix de courses offerts en France, en appât, à l'industrie chevaline. Faute de cette formalité, *Massoud* et tous ses dérivés sont exclus des courses de la Société d'encouragement.

quelles la race arabe, qui méritent la qualification de pur sang. Ce titre ne saurait être appliqué aux races devenues indigènes aux autres contrées, puisque toutes, y étant d'origine étrangère, ont forcément subi des altérations dues à l'action des causes locales, partout défavorables à la conservation entière des qualités propres au cheval de pur sang, puisque toutes aussi ont nécessairement dû y mêler leur sang à celui de races déjà profondément atteintes par la dégénération. Or cette condition est bien celle de la race anglaise dite de pur sang, à l'égard de laquelle cette désignation est complétement inexacte. Et en effet, le *general Stud-Book* à la main, on arrive bien plutôt à déterminer le degré de noblesse particulier à chaque individualité, ou même à chaque famille, qu'on ne parvient aisément à démontrer la pureté absolue de la race elle-même...

—Le Jockey-club n'a pas d'objections contre cet argument : une généalogie de race réellement pure exige que tous les ascendants — paternels et maternels — soient de pur sang ; la filiation la plus reculée, si elle arrive (comme c'est le cas pour beaucoup de vos chevaux anglais de pur sang) à une mère sans origine sûre, n'est pas entièrement satisfaisante ; à moins cependant que, pour vous, cette pureté soit regardée plutôt comme un objet de curiosité que recherchée comme une nécessité indispensable, sous ce spécieux prétexte que, dans une si longue suite de générations avec le pur sang, le sang étranger doive être lavé jusqu'à la dernière goutte... Mais alors que devient le sens si absolu de cette expression : — pur sang ?

— Le Jockey-club se tait devant ceux qui lui tiennent ce langage : Vos chevaux de pur sang, quoi que vous disiez, ne sont pas des produits sans mélange de la race mère ; mais en accordant même que ce mélange supposé n'existe pas, et qu'il y ait descendance réelle et directe de chevaux orientaux de la plus noble origine, vous ne pouvez contester du moins que le sol et le climat n'aient influé sur les produits de ces chevaux arabes. Or cette influence est telle, dans l'esprit de beaucoup de personnes, qu'à moins de croisements continuels avec le pur sang d'Orient, la race anglaise, qui a toutes vos faveurs en ce moment, ne saurait tarder à déchoir et à revenir au type des races indigènes à l'Angleterre, si l'on n'oppose pas une nouvelle barrière aux effets de la dégénération que plusieurs écrivains ont déjà signalée avec tant de vérité...

— Le Jockey-club se tient dans la même réserve vis-à-vis de ceux qui lui crient : L'influence toute-puissante des agents extérieurs est un fait irrécusable ; les chevaux anglais de pur sang n'y ont pas échappé , car ils dégénèrent...; ils dégénèrent si bien, que, pour combattre efficacement cette action incessante des causes de détérioration , les Anglais eux-mêmes comprennent la nécessité de remonter au type primitif, au cheval d'O-rient , qui seul aura la puissance de raviver, de réchauffer le sang du cheval anglais...

— Le Jockey-club ne discute donc pas. Dédaigneux de ceux qui ne partagent pas ses idées, qui ne pratiquent pas ses théories, il se complaît dans le silence, et agit comme bon lui semble, dans le seul intérêt de ses plaisirs, sans préoccupation aucune de l'utilité de tous. Aussi lui renvoie-t-on cette phrase d'un écrivain de Londres à l'adresse d'un club anglais : « L'or-» ganisation de notre hippodrome dépend du bon plaisir d'un » club de Messieurs qui se sont réunis pour leur amusement, » et ne regardent nullement la nature et l'intérêt de la race. » Ces amateurs de courses n'ont ni le désir ni l'occasion de re-» garder plutôt l'avenir que le présent, et de préférer l'intérêt » national à l'intérêt particulier. » Et l'on ajoute : Ceci n'est point une accusation gratuite contre le Jockey-club de Paris , beaucoup plus anglais encore que celui de Londres. Pour lui, la grande affaire, le point véritablement essentiel, c'est le jeu. Le turf a remplacé le tapis vert. Lisez, pour vous en convaincre, l'article 2 d'une délibération en date de juin 1834; il est ainsi conçu : « Il y aura , au lieu de la réunion » de la Société, un livre de paris où seront inscrits les défis de » course, etc. »

— Il y a dans toutes ces opinions, dans tous ces reproches, une égale exagération. Il est même juste de reconnaître que, dans ces derniers temps, la Société d'encouragement a senti la

nécessité de prendre part à la discussion soulevée par M. le lieu-
tenant-général marquis Oudinot, à l'occasion de la production
du cheval de troupe en France. Dans un opuscule publié en
1842 (1), elle a, sans modifier en rien ses doctrines ni ses
actes, exprimé pourtant ses idées d'une manière moins absolue.
Elle énumère fort bien les raisons qui l'ont portée à faire de
l'institution des courses la base de son système ; elle donne
même des explications sur la préférence qu'elle accorde au cheval de pur sang anglais sur le cheval arabe, lequel s'est *conservé pur et sans mélange sur certains points du Soudan ou de la
Syrie ;* elle dénonce comme entachée de la plus complète ignorance l'assertion émise par M. Hamont, « que la race des che-
» vaux de pur sang anglais ne s'entretient à son état de perfec-
» tion que par l'introduction continuelle de sang arabe », et
elle repousse comme dénué de fondement le jugement de ceux
qui ne voient dans ses théories et dans sa manière d'agir
« qu'une imitation ridicule des mœurs et des goûts d'un peuple
» avec la constitution et le caractère duquel la France n'a au-
» cune analogie. » Ne trouvant nulle part, chez nous, les éléments d'amélioration que réclamait impérieusement l'état de
décadence toujours croissant des races indigènes, reconnaissant
au contraire la supériorité incontestable des races chevalines
de l'Angleterre, elle fut tout naturellement conduite à étudier
les principes d'après lesquels les races étaient reproduites, et à
profiter doublement des travaux et de l'expérience des Anglais,
en leur empruntant—et leur cheval—et leurs méthodes de production et d'élevage. C'était d'ailleurs suivre un conseil donné,
dès 1830, par M. le duc de Guiche, et gagner ainsi, par cette
préférence accordée au cheval anglais sur celui dont il descend,
tout le temps qu'on avait mis en Angleterre à modifier convenablement et à approprier aux besoins de l'époque la stature,
la conformation et les qualités du cheval arabe. « En effet, le

(1) Observations de la Société d'encouragement sur les remontes
et la production des chevaux de troupe.

» cheval anglais de pur sang présente dans son perfectionne-
» ment un fait accompli ; il réunit à toutes les qualités du sang
» la force et la taille, le fond et la durée. Le cheval arabe, au
» contraire, manquant d'élévation. ne peut remplir aussi bien
» le but qu'il est important d'atteindre. Le cheval anglais est à
» la fois plus propre à relever la taille des races du midi em-
» ployées pour la cavalerie légère, et à donner de l'énergie aux
» races normandes... (1). »

Ici la Société retombe dans son absolutisme. En théorie
elle admet le cheval arabe pur à la qualification du cheval de
pur sang ; elle dit bien comment les Anglais sont parvenus à
conserver toutes les qualités des chevaux d'Orient dans la race
de pur sang qu'ils ont reproduite en Angleterre ; mais en fait
elle repousse le cheval arabe et finit même par lui refuser toutes
lettres de noblesse.

On la surprend ainsi en contradiction flagrante avec elle-même. — Dans sa brochure de 1842 le cheval arabe est un cheval de pur sang ; mais elle ne veut pas l'appliquer à la reproduction en raison de son infériorité de taille, de développement
et de vigueur. Dans son bulletin officiel (février 1842), elle dit
textuellement : « L'administration des haras qualifie de pur
sang *les chevaux et juments arabes et leurs produits*...; la Société d'encouragement, au contraire, *leur refuse* cette qualification..... » En d'autres termes elle reconnaît comme pur le
cheval arabe en tant qu'elle a besoin de cette pureté pour la
transmettre au cheval anglais et lui trouver une origine véritablement noble ; mais elle n'en veut plus dès qu'il s'agit de l'emploi à faire de l'un et l'autre cheval.

VI.

Il semble facile de résumer la question. Pour qui l'étudiera
froidement et sans idée préconçue, il n'est pas douteux qu'on

(1) Société d'encouragement, *loc. cit.*

ne trouve aucun fondement ni pour exclure ni pour admettre systématiquement telle ou telle race, ni même telle ou telle individualité.

Il y a en Arabie plusieurs familles équestres de pur sang, cela est incontestable. Il y a en Europe, cela n'est pas moins évident, plusieurs familles issues des premières directement et sans mélange, et qui dès lors sont également de pur sang. Le lieu de la naissance importe peu; il en est ainsi de l'aptitude spéciale de chaque famille à tel ou tel emploi. La noblesse de la race, la pureté du sang, ne sont point une question de taille ni d'appropriation individuelle à tel ou tel genre de service. Qu'une famille donnée soit plus apte à transmettre un ordre de qualités qu'un autre, cela se conçoit et personne ne l'ignore; qu'elle réussisse mieux dans certaines circonstances déterminées, qu'elle réponde mieux à certaines exigences, qu'elle s'adapte plus heureusement à certains milieux, cela est, et nul ne le contestera avec justice; mais il en est absolument de même des individualités. Dans chaque famille, en effet, tous les sujets ne sauraient être indistinctement choisis pour un seul et même but. Il est donc fort inutile de raisonner plus longuement dans cet ordre d'idées, et nous disons pour conclure :

Les chevaux méritent la qualification de pur sang lorsqu'ils appartiennent aux familles qui se sont conservées pures en Arabie, en Barbarie, en Turquie, en Perse; ils sont encore de pur sang lorsque, nés en Europe des races orientales pures, ils ont été préservés, dans leur descendance directe, de tout mélange avec des races détériorées; mais seule cette qualification n'est point un brevet de capacité; le pur sang n'est en aucune façon la pierre philosophale en hippologie, une panacée universelle.

Les générations ne lavent pas la moindre souillure : dans l'espèce, toute tache est indélébile.

Le Stud-Book seul doit constater la pureté absolue et faire loi, puisque ce livre existe maintenant en France et en Allemagne comme en Angleterre.

Enfin la qualité de pur sang ne saurait dispenser, dans l'emploi des animaux à la reproduction, d'observer scrupuleusement ce principe invariable que l'amélioration des races *par le croisement* doit toujours procéder du midi au nord, et jamais en sens inverse : car, le plus haut degré de perfection d'un étalon tiré d'un pays froid et bas n'étant, comme sang, qu'une dégénération d'un étalon né sous l'influence d'un climat plus heureux, il est nécessairement inférieur, et ne saurait être admis comme élément de succès, dans un système d'amélioration par croisement.

Le Stud-Book.

I.

Il est de science certaine aujourd'hui que, partout où l'on s'est occupé sérieusement d'améliorer et de perfectionner les races chevalines, on a dressé avec ordre et méthode le catalogue des animaux appartenant à une noble origine, tracé avec soin la généalogie des chevaux de pur sang destinés à en conserver la race dans toute sa pureté native.

Et cependant beaucoup de contradictions encore ici.

Examinons, discutons les opinions, et voyons quel degré de confiance il nous sera permis d'accorder à l'état civil équestre que les Arabes ont nommé *hhudjé*, — tables généalogiques, — et les Anglais *stud-book*, — livre de l'écurie, livre généalogique des chevaux de pur sang. Cette dernière expression a été adoptée sur le continent, où elle s'est introduite avec beaucoup d'autres, à la suite des chevaux anglais de pur sang, si généralement employés maintenant à l'amélioration des races en Allemagne et en France.

Le Mecklembourg a commencé et donné l'exemple de cette innovation : c'est qu'il avait été des premiers à reconnaître comme à appliquer les bons principes. Il a publié, avant les autres états d'Allemagne, et assez long-temps avant la France, un catalogue de tous les animaux de pur sang anglais importés ou nés sur son territoire.

La Prusse est venue à son tour constater la filiation directe et sans mélange des sujets reproducteurs empruntés par elle aux races de pur sang.

Enfin la France a senti aussi la nécessité vraiment absolue d'avoir son nobiliaire équestre, son dictionnaire historique en quelque sorte des familles chevalines de pur sang importées ou nées chez elle (1).

Les hhudjé et les stud-book sont, par conséquent, les livres d'or de l'espèce chevaline ouverts, dans tous les pays où l'on met en pratique les saines doctrines hippiques, à l'inscription des animaux de la race pure, préservés de toute mésalliance à travers les migrations nombreuses qu'on leur fait éprouver. — Un cheval d'Orient vient en Europe, des certificats authentiques attestent la noblesse de la famille de laquelle il descend, la pureté de son sang justifie enfin de l'illustration de sa race, l'inscription au stud-book lui est ouverte. Supposons maintenant que cette inscription ait eu lieu en Angleterre, et que de nouvelles migrations fassent passer le cheval en France et plus tard en Allemagne, il suffira que son identité soit constatée pour qu'il figure successivement aux stud-book tenus en France

---

(1) Il paraît qu'il a été d'usage, en Espagne, d'établir l'état d'un cheval de 4 à 5 ans par un acte notarié dressé en présence de quelques connaisseurs servant de témoins. Nous ignorons si cet usage existe encore, car l'Espagne hippique a disparu et s'est depuis long-temps effacée, comme la nationalité tout entière menace de s'écrouler d'épuisement sous les efforts du temps.

Tous les vieux auteurs qui ont écrit sur les haras ont toujours prescrit comme une nécessité impérieuse de tenir registre de la généalogie exacte des chevaux et même d'y spécifier avec soin les diverses circonstances les plus propres à empêcher le doute sur la pureté et l'ancienneté de la race. Cette sorte de livre contenait pour ainsi dire l'histoire physiologique de chaque haras en particulier. Cette bonne coutume est depuis bien long-temps déjà complétement tombée en désuétude chez nous.

et en Allemagne. Ce cheval, allié à des juments de sa caste dans ces différentes contrées, leur transmettra le droit de prendre place au nobiliaire équestre soigneusement conservé aujourd'hui dans chacun de ces trois états.

C'est donc avec justice que j'ai appelé le stud-book un dictionnaire historique des différentes familles chevalines d'une même race, de la race de pur sang : car, en compulsant les différents stud-book, on trouvera la relation historique des migrations diverses de ce cheval dont l'identité sera facilement admise d'ailleurs sur les indications précises que contient maintenant le stud-book, lesquelles relatent — les inscriptions antérieures s'il y a lieu, — le nom de l'individu, — la couleur de sa robe, l'année de sa naissance, — le nom du ou des propriétaires, et tous les détails qui intéressent le pedigrée, c'est-à dire l'exposition complète et nominale de la parenté et des alliances tant en ligne directe qu'en ligne collatérale avec les diverses familles dont se compose la grande race pure ou primitive. C'est ainsi que le stud-book est devenu le livre par excellence pour l'amateur de courses, le dépositaire fidèle des noms des chevaux ou des poulinières dont les produits avaient obtenu les plus brillants succès d'hippodrome. On conçoit que l'étude des rapprochements faits entre les différentes familles, à l'issue des épreuves qui constatent la valeur de chaque produit, rende illusoire et parfaitement insignifiante l'inscription d'un intrus, et que cette noblesse illégitimement accordée, cette place usurpée, ne mènent pas bien loin : car, à moins d'être au nombre des plus grands fanatismes du sang, on n'accepte guère que des faits, et l'on repousse sans pitié les plus belles individualités lorsque de bons états de service ne viennent pas les recommander. Il ne faut donc pas attacher une importance plus considérable que de raison à la fraude nécessairement inévitable qui introduit de temps à autre, parmi les plus nobles et les plus purs sujets de la race, quelques individus tachés d'un germe d'ignobilité soit paternelle, soit maternelle. — Je sais un éleveur, en France, qui a eu recours à un pareil subterfuge et dont les produits maintenant ne trouvent plus placement nulle part. C'est le châtiment bien mérité d'une faute grave, inexcusable. Un producteur n'a pas de moyen plus assuré de discréditer ses écuries. L'ignorance seule peut le porter à une fraude coupable, dont il devient fort heureusement ainsi la première, la principale, et bientôt même la seule victime.

Voilà pour les inscriptions fausses, illégitimes, inévitables de loin en loin sans doute, mais exceptionnelles et rares cependant, avec le contrôle sévère qu'exercent aujourd'hui l'administration en France et les particuliers en Angleterre.

Voyons maintenant comment ont commencé les stud-book, et sur quel fondement s'y trouve établie la notoriété de la pureté du sang chez les familles orientales, base de la formation de celles qui en sont sorties dans les différents états d'Europe.

II.

Les avis sont partagés quant à cette notoriété en ce qui regarde les races d'Orient ; le doute atteint par conséquent celles qui en émanent, puisqu'elles ne sont que leur suite, leur continuation, leur descendance. Mais ce n'est pas la première fois que nous voyons la logique faire défaut aux opinions si contradictoires d'ailleurs des hippologues modernes. Poursuivons.

La première question à résoudre est celle-ci : Les peuples orientaux ont-ils un stud-book, ou plutôt des tables généalogiques qui retracent la filiation certaine de ceux de leurs chevaux appartenant à la race noble, qualifiée du nom de pur sang ? Nous pourrions répondre tout de suite affirmativement par cette considération assez déterminante, ce nous semble, que les Arabes ont, dans leur langue, un mot spécial dont l'expression anglaise — *stud-book* — n'est que la traduction, puisqu'ils ont ce qu'ils appellent des *hhudjé*. Or les hhudjé ne sont autre chose que le registre généalogique des animaux de race noble et pure. Mieux vaut pourtant un examen plus approfondi du sujet.

Le major Herbert, commandant du haras de Babolna, en Autriche, chargé en 1836 d'aller en Syrie, et d'en ramener des étalons et des poulinières arabes, a écrit d'une manière assez confuse et assez contradictoire touchant la manière dont les Arabes établissent ou n'établissent pas la généalogie de leurs chevaux de pur sang.

Je lis ce passage dans la relation qu'il a publiée de son voyage : « Les documents généalogiques sur les chevaux arabes ne » méritent aucune foi. Les Bédouins ne conservent aucune es- » pèce de documents écrits, et les renseignements qu'ils don- » nent sur la généalogie de leurs chevaux ne se transmettent » que verbalement.

» Les Arabes ne nomment que le père et la mère de leurs » chevaux. Quand on veut en savoir davantage, ils s'étonnent » et se contredisent souvent.

» Les certificats confectionnés par les acheteurs eux-mêmes, » ou par les habitants des villes ne méritent, comme je l'ai dit, » aucune foi ; car chacun écrit ce que bon lui semble. »

Mais il ajoute un peu plus loin : « Les Arabes ont la répu- » tation d'être très consciencieux, et de ne dire sur la généalo- » gie de leurs chevaux que ce qu'ils croient. Ils ne méritent pas » cette réputation ; elle vaut mieux qu'eux. Pour de l'argent, » l'Arabe fait quoi que ce soit, et il dit sur le compte de ses che- » vaux ce qu'il pense le plus propre à séduire l'acheteur. »

Il n'est pas besoin d'être Arabe pour cela. Sur ce point les maquignons de tous les pays et de tous les rangs se valent, il faut bien l'avouer ; le Français, l'Allemand, l'Anglais, ne le cèdent pas au Bédouin ; chaque peuple a ses finesses, tout marchand a ses ruses ; l'intérêt est un sur tous les points du globe. Mais de ce que l'Arabe cherche à duper un acheteur sur la généalogie de chevaux non tracés, pour me servir de l'expression consacrée chez nous, s'ensuit-il qu'en Arabie tout cheval noble ou de pur sang soit dépourvu de lettres de noblesse, et qu'il n'y existe pas de preuve authentique de la pureté des races ? Le major ne le pense pas lui-même : car, tout en conve-

nant que l'on n'est jamais sûr de ne pas être trompé sur la généalogie d'un cheval arabe, il donne l'assurance qu'il est toujours possible de prendre des renseignements à cet égard, parce
que, dit-il, « quand il s'agit d'un cheval noble et hors ligne,
» beaucoup de personnes savent toujours de quel pays il est ve-
» nu. Or, ce qu'il importe le plus de connaître, c'est dans quelle
» tribu ce cheval est né. » A quoi bon demander autour de soi
des renseignements, s'ils doivent être faux toujours, s'il n'est
permis d'y ajouter aucune créance ? La recommandation expres-
se du major ne laisse-t-elle pas supposer que, dans quelques tribus au moins, on conserve avec soin la généalogie des chevaux
précieux, des individualités nobles et pures dont les Arabes tirent race ?

D'après le même auteur « Les plus nobles races sont celles
» qui sont censées descendre des cinq juments du prophète : —
» *Kohejle-Ménéghi*, — *Kohejle-Séglavi*, — *Kohejle-Gjulfa*,
» *Kohejle-Agjus*, — *Kohejle-Massatiche*. »

En cela les écrivains sont d'accord. Huzard père avait déjà
dit la même chose dans les mêmes termes à peu près. D'après
lui, la race noble des Arabes se nomme indistinctement *Kocklani*, *Kohejle* et *Kailhan*; elle est parfaitement pure, et les
Arabes en ont la généalogie positive de temps immémorial. Ses
autorités sont Niebuhr et Fouché d'Obsonville.

Le major continue ainsi : « Toute jument appartenant à l'une
» de ces races peut donner son nom à une *race* secondaire. De
» là, une infinité de *races* qu'on croise les unes avec les au-
» tres. »

Relevons d'abord l'expression impropre de race. Le major a
voulu écrire, et nous dirons plus correctement pour lui que
chaque jument descendant de l'une des cinq de Mahomet peut
donner son nom à une *famille*, et que ces différentes *familles*,
alliées entre elles suivant les convenances individuelles, perpétuent la race noble et pure née des cinq juments du prophète, lesquelles descendent elles-mêmes, suivant l'affirmation
de Niebuhr, du haras si renommé dans l'antiquité du roi Salo-

mon. Du moins est-ce déjà une noblesse fort honorable que celle-là ? — Mais le major Herbert a donné, à son insu , une preuve de l'authenticité de la pureté de la race , et de la certitude généalogique de tout cheval noble. En effet, d'après lui-même , les Arabes appellent *Kohejle* tout cheval de noble race ; mais ils ne citent la famille qu'en second lieu. Certes il importe essentiellement de connaître la famille d'un cheval de pur sang ; c'est le renseignement le plus utile après celui qui ne laisse plus de doute quant à la race ; le troisième, qu'il ne faut pas négliger davantage, n'intéresse plus que l'individu lui-même. Mais pourtant voici bien la triple condition à observer dans le choix des animaux de pur sang : — ne conserver aucun doute sur l'origine , — connaître la famille , — et apprécier le mérite , les qualités, individuels.

Les Arabes savent toujours satisfaire à ces conditions , mais avant tout à la première. Faut-il une autre preuve des soins qu'ils mettent à établir la généalogie de leurs chevaux auxquels ils reconnaissent d'autant plus de valeur, comme race , qu'ils peuvent faire remonter plus haut leur origine? Quand donc ils ont prouvé qu'ils sont de la plus ancienne race , de la race *Kohejle*, ils se croient à bon droit exempts de rien ajouter, puisque nulle preuve ne vaut celle-là.

Opposons cependant à l'opinion du major un passage de la relation laissée par Burckhardt de son voyage en Arabie , relation insérée au *Journal des Haras*, tome **18**.

« On connaît en Syrie trois races de chevaux, savoir : la véritable race arabe , la turcomane, et la kurde , qui est un mélange des deux premières...

» Les Bédouins comptent cinq races nobles de chevaux, descendues , suivant eux, des cinq juments favorites de leur prophète Mahomet : c'étaient Tancïffé , Ma'nekeié , Koheil , Saklaouié et Djulfé (1). Ces cinq races principales se subdivisent

(1) Presque tous les écrivains sont d'accord sur les commencements de la race noble d'Arabie ; ils la font généralement descendre

en une infinité de ramifications. Toute jument remarquable par sa vitesse et sa beauté, et appartenant à l'une de ces cinq races primitives, peut devenir la souche d'une nouvelle race (nous dirions, nous, d'une nouvelle famille) dont tous les descendants portent son nom ; de sorte que les noms des différentes races arabes du désert sont innombrables. A la naissance d'un poulain de race noble, il est d'usage de réunir des témoins. et de rédiger par écrit une notice des marques distinctives du jeune animal, en y ajoutant le nom de son père et celui de sa mère.

» Ces hhudjé, ou tables généalogiques, ne remontent jamais à la grand'-mère, parce qu'il est sous-entendu que chaque Arabe de la tribu connaît par tradition la pureté de toute la race ; il n'est donc pas toujours nécessaire d'avoir de ces certificats de généalogie, beaucoup de chevaux et de juments étant d'une descendance si illustre, que des milliers d'hommes attesteraient au besoin la pureté de leur sang.

» La généalogie est quelquefois placée dans un petit morceau de cuir recouvert de toile cirée, et suspendu au cou du cheval ; en voici un échantillon :

» Dieu. — Enoch.

» Au nom du Dieu très miséricordieux, seigneur de toutes » les créatures, que la paix et les prières soient avec notre sei- » gneur Mahomet et sa famille, et ses disciples jusqu'au jour

des cinq juments qui, parties avec 95 autres des environs de Damas, arrivèrent seules à la Mecque d'un seul trait, si l'on peut dire, pour y annoncer la grande victoire remportée par le prophète ; mais presque tous les désignent sous des noms divers. Un orientaliste qui a laissé des mémoires les appelle *Rabdha*, *Noâma*, *Wœdza*, *Ssabhha* et *Hhezma*. Cela n'affaiblit en rien le fait, à notre avis. Nous croyons l'expliquer d'une manière satisfaisante en disant que chaque nom, sans être précisément celui des cinq juments-mères, en représente pourtant la tige, une branche principale.

» du jugement ; et la paix soit avec tous ceux qui liront cet écrit
» et en comprendront l'objet.

» Le présent acte est relatif au poulain *Obeian*, de la vraie
» race de *Saklaoui*, brun grisâtre avec les quatre pieds blancs,
» et une marque blanche sur le front, dont la peau est aussi
» brillante et aussi pure que le miel, et ressemblant à ces che-
» vaux dont le prophète a dit : *De vraies richesses sont une no-*
» *ble et courageuse race de chevaux ;* et dont Dieu a dit : *Les*
» *chevaux de guerre, ceux qui se précipitent sur l'ennemi avec*
» *des naseaux soufflant fortement, ceux qui de grand matin se*
» *plongent dans les combats.* Et Dieu a dit la vérité dans son
» livre incomparable. Ce poulain Saklaoui a été acheté par
» Cosrein, fils d'Emeit, de la tribu de Zéba'a, arabe A'nezé. Le
» père de ce poulain est l'excellent cheval bai nommé *Merdjan*,
» de la race Koheilan ; sa mère, la fameuse jument *Saklaoui*,
» connue sous le nom de *Djéroua.* D'après ce que nous avons
» vu, nous attestons ici, sur notre espérance de la félicité et
» sur nos ceintures, ô Scheickhs de sagesse et possesseurs
» de chevaux ! que ce poulain gris, désigné précédemment, est
» plus noble même que son père et sa mère ; et c'est ce que
» nous attestons, d'après notre connaissance la plus exacte, par
» cet acte valide et complet.

» Que des actions de grâces soient rendues à Dieu, seigneur
» de toutes les créatures !

» Ecrit le 16 de safar de l'an 1223.

» Témoins, etc., etc. »

» Cette pièce est fidèlement traduite de l'original arabe, écrit
de la main des Bédouins. L'année musulmane 1223, époque
de cet acte, correspond à l'an 1808 de notre ère.

. . . .

» Les Arabes ignorent les fraudes employées par un maquignon européen pour duper un acheteur ; on peut prendre un
cheval sur leur parole, à la première vue ou au premier essai,
sans courir aucun risque d'être trompé... »

Ce passage de Burckhardt est fort explicite.

Toutefois, le prince Puckler-Muskau, qui a aussi voyagé en Syrie, n'est pas, quant au même fait, d'un avis aussi absolu. Il convient, il atteste même, que les Arabes tiennent à conserver leur race noble aussi pure que possible, et qu'ils évitent avec soin toute mésalliance avec des animaux inférieurs, ce qui est considéré dans le Koran comme un péché capital ; le cas échéant, ils ne font aucun cas du poulain né d'un pareil accouplement, et ils s'en défont toujours pour une bagatelle ; mais il ajoute :

. « Les Arabes n'ont pas de stud-book, comme on l'a prétendu ; ils ne font pas appeler de témoins au moment où ils font saillir leurs juments ou à celui de la naissance du poulain. J'ai été fort souvent à même de voir donner des juments à l'étalon pendant la nuit, et rarement il se trouvait un témoin, à moins que ce ne fût par hasard. »

Que de contradictions dans tout ce qui a été écrit sur les races d'Orient, et quel épais nuage couvre la vérité !

Cependant je suis tout disposé à croire que la généalogie des chevaux de pur sang est moins facile à constater en Orient qu'en Europe, que l'absence d'un livre général et officiel l'enveloppe dans une obscurité souvent très profonde ; mais je n'en conclurai pas que la filiation des individus de race pure n'est établie nulle part, et qu'il y a impossibilité de constater cette pureté autrement que par la beauté des formes et les qualités transmises à la descendance. D'ailleurs le soin que prennent les Arabes d'allier les individus de la race kohejle entre familles bien distinctes de cette race atteste qu'en agissant suivant une loi de la nature qui n'autorise pas la consanguinité, c'est-à-dire les alliances en trop proche parenté, ils conservent au moins des souvenirs qui peuvent remplacer jusqu'à un certain point les documents que l'on négligerait de consigner par écrit dans quelques tribus.

Hartmann dit que les peuples d'Orient, et particulièrement les Arabes et les Tartares, sont si ponctuels à tracer la généalogie de leurs chevaux, qu'ils savent beaucoup mieux la faire que la leur propre.

C'est aussi l'opinion de Hallen. On trouve ce passage dans son histoire des animaux : « On tient en Arabie un registre très exact de la généalogie des chevaux de race noble.

» Celle-ci, la première des trois qu'on y connaît, est pure et ancienne des deux côtés; les chevaux qui la composent transmettent à leurs descendants toute la gloire de leurs ancêtres. Les moindres juments de cette classe coûtent 500 écus et davantage. Chaque Arabe sait parfaitement le poil, les aïeux, le surnom, les noms de son cheval et de celui de son voisin. Quand on emprunte un étalon pour faire couvrir sa jument, l'accouplement ne se fait qu'en présence du secrétaire de l'émir et de quelques témoins, qui en donnent une attestation scellée, dans laquelle ils exposent toute la généalogie du cheval et de la jument. On répète le même procédé aussitôt que celle-ci a pouliné. On en marque le jour, et on fait la description du poulain, dont la noblesse est mise, par ces diplômes, à couvert de toute contestation. Ces attestations donnent du prix aux chevaux arabes, et on les remet à ceux qui en font l'acquisition. »

Selon Niebuhr, que j'ai déjà cité, on appelle *Kocklani* ou *Kohejle* les chevaux arabes de première origine, c'est-à-dire ceux dont on a l'arbre généalogique depuis plus de 2000 ans. Ils descendent des haras de Salomon, et sont ordinairement d'un prix fort élevé.

Un vieil auteur, Caseri, raconte que, dans trois occasions, l'Arabie a coutume de se livrer à de grandes réjouissances, et que les tribus y célèbrent la prospérité arrivée à l'une d'elles par un appareil pompeux. Ces occasions sont — *quand la jument poulinière donne un poulain de belle espérance*, — quand il est né un fils, — et quand il paraît un poëte.

N'est-ce pas encore là un moyen de constater la naissance, la pureté d'origine d'un poulain précieux !

Voyons ce qu'en pense Grognier, page **18** de son cours de multiplication et de perfectionnement des animaux domesti

ques. « C'est une opinion répandue parmi les Arabes bédouins que la race des chevaux Kocklani descend, en ligne
directe, du haras de Salomon. On ne démontre pas, sans doute,
par des monuments authentiques une pareille généalogie ; mais
il est des Kocklani dont les titres de noblesse, bien prouvés,
remontent à un grand nombre de générations.

» De temps immémorial, la monte, en Arabie, a lieu en
présence de témoins assermentés ; on surveille ensuite les juments, jour et nuit, pendant un temps déterminé, pour être
bien sûr qu'aucun étalon commun n'en approchera.

» Ces mêmes témoins assistent à l'accouchement, et ils attestent par serment la noble filiation du nouveau-né. L'acte ju-
ridique dressé en cette circonstance est le plus important qui
ait lieu parmi les Bédouins, persuadés qu'ils sont de la connexité entre la conservation de leur race équestre et la prospérité de leur nation.

» Voici une formule de cet acte : « *Au nom de Dieu le mi-*
» *séricordieux :* c'est de lui que nous attendons assistance et
» protection.

» Le prophète a dit :

» *Que mon peuple ne s'assemble jamais pour commettre des*
» *actions illégitimes.*

» Voici l'objet de ce document authentique : Nous, soussi-
» gnés, déclarons devant l'Être suprême, attestons, affirmons
» et jurons par la destinée et par nos ceintures, que la jument
» MN, âgée de... ans, et marquée de..., descend au troisième
» degré et en ligne directe d'ancêtres nobles et illustres, attendu
» que sa mère est de la race NN, et le père, de la race NM, et
» qu'elle-même réunit en elle toutes les qualités de ces nobles
» créatures dont le prophète a dit : *Leur sein est un coffre d'or,*
» *et leurs cuisses sont un trône d'honneur.* En vertu du témoi-
» gnage de nos prédécesseurs, nous assurons encore une fois
» que la jument en question est aussi pure d'origine et sans
» mélange que le lait ; et nous attestons par serment qu'elle est
» célèbre par la rapidité de sa course, et son habitude à sup-

» porter les fatigues, la faim et la soif. C'est d'après ce que
» nous savons et avons appris que nous avons délivré le pré-
» sent témoignage : Dieu, d'ailleurs, est le meilleur de tous
» les témoins. »

» Suivent les signatures.

» En vendant un kocklani, on livre scrupuleusement ses titres de noblesse.

» On estime bien plus une noble et ancienne extraction par
les femelles que par les mâles : ce qui est le contraire en Europe. »

M. Hamont partage cette opinion que les Arabes établissent
et conservent avec soin la généalogie de leurs chevaux. Il s'exprime ainsi :

« L'Arabe est tout à son cheval, et ce dernier conserve intact l'honneur de son maître. Point de mésalliance chez les no-
mades; un cheval étranger n'est pas reçu; et jamais une jument de la tribu n'est saillie par un animal dont les parents
sont inconnus. Les Bédouins conservent avec soin la généalogie
de leurs chevaux; elle est d'autant plus estimée, qu'elle est plus
ancienne. Autrefois il n'existait qu'une race dans le *Nejdi,* elle
se nommait *Kouélta ;* les Arabes en font remonter l'origine
jusqu'au prophète. De cette première souche est sorti le cheval
Laklaoué, un des plus vigoureux de l'Arabie; le *Kourèche*, ce
nom vient de *Kouer*, qui veut dire cœur; le cheval *Déma*, le
plus estimé du Nejdi; *Leubéya*, tous noms qui désignent autant de variétés existantes; viennent ensuite les chevaux *Zeiya*
et *Dnémane.* Les habitants distinguent encore deux *Keuélla :*
la *Keuélla* agouse ou l'ancienne, et la *Keuélla* ghédide ou ré-
cente. La différence n'existe que dans la vitesse et la sobriété. »

Rien de plus positif assurément. Mais dans cette question tout
est contradictoire; toute affirmation reçoit un démenti formel.
Les oui et non se balancent; les assertions contraires se font en
quelque sorte équilibre. Cependant nos recherches n'auraient
pas toute la signification que nous voudrions leur donner, nos

études seraient incomplètes si nous ne mettions pas en présence et le pour et le contre avant de les discuter au fond, et de prendre nos conclusions.

A l'opinion formulée par M. Hamont il nous faut donc opposer celle d'un autre hippologue, ainsi rapportée par le *Journal des Haras*, tome 30, pages 124 et 125 :

« On a beaucoup parlé du soin tout particulier avec lequel les races nobles sont conservées en Arabie, et de celui que mettent les Arabes à constater la pureté des plus estimées, jusqu'à appeler des témoins à la naissance de leurs poulains, à tenir des registres généalogiques authentiques, enfin à prendre toutes les précautions possibles pour empêcher les taches et la fraude. S'il y a quelque chose de vrai dans ce qu'on a dit à ce sujet, je n'en suis pas moins convaincu que tout cela est beaucoup plus en discours qu'en réalité. Ce qui est plus sûr et plus certain, c'est qu'un Arabe ne donnera pas sa jument à un mauvais étalon, s'il peut en choisir un bon, et si ses moyens lui permettent de payer un cheval de race supérieure ; mais malheureusement l'Arabe pauvre, possesseur d'une seule jument, souvent très bonne et de la meilleure race, est hors d'état de payer le prix de la saillie d'un étalon de premier sang, qui se trouve entre les mains d'un Cheik ou d'un riche Arabe. Cependant il ne veut pas manquer la saison pour faire saillir sa jument, dont la fécondité est la seule richesse, l'unique ressource de sa famille ; que fait-il alors ? Il choisit un étalon inférieur, ou, s'il possède un poulain, fils de sa jument, il la lui donne sans hésiter un seul instant. Je dirai à ce sujet que les Arabes, tout en désirant toujours faire saillir leurs juments par un étalon de leur propre race, si elle est considérée comme la meilleure, ou par des étalons de races supérieures, ne répugnent pas du tout à se servir des producteurs de races inférieures lorsqu'ils ne peuvent faire autrement. Ainsi, le *Nejd* renferme quatre races principales désignées sous les noms de *Khellan*, *Shaman*, *Yetman* et *Zheoman*, et réputées les meilleures du pays, mais non de mérite égal, la première étant supérieure aux trois autres, ce qui n'empêche pas les Arabes possesseurs de juments de cette même race, de se servir au besoin des étalons des trois autres. On peut supposer, d'après cela, qu'il doit résulter de ces fréquents croisements beaucoup d'incertitude relativement à la pureté d'origine des chevaux du *Nejd*, et une plus grande difficulté d'obtenir des preuves de la race à laquelle ils appartiennent réellement qu'on nous le dit et qu'on le croit assez généralement en Europe. » (*Observations sur les différentes races de chevaux arabes.*)

Mis en regard de ce qu'a écrit M. Hamont, ce passage infirme bien son assertion, cela est incontestable ; mais il ne prouve pas, ce nous semble, que les Arabes ne conservent point la généalogie de ceux de leurs chevaux qui appartiennent à la race noble et pure. En effet il a trait bien plutôt à l'incertitude relativement à la pureté de l'origine de certains chevaux du Nejd en particulier, et même de l'Arabie tout entière, qu'à la noblesse réelle de la race-mère, de celle que l'on ne mésallie pas, et que l'on maintient toujours avec un soin également scrupuleux à sa hauteur primitive. Cette nécessité du croisement, ou plutôt du mélange, auquel les Arabes sont fréquemment forcés d'avoir recours, soit par pénurie du cheval-père, soit par pauvreté individuelle, n'attestent qu'un fait parfaitement connu d'ailleurs, que tous les chevaux arabes ne sont pas de pur sang, et qu'il y a obligation, pour qui achète, de rapporter la preuve authentique de la bonne origine noble et pure de ceux que l'on veut extraire de l'Orient au profit de l'Europe, afin de ne pas y amener des animaux médiocres et de mince valeur au lieu et place de reproducteurs précieux et de la plus noble race.

Au surplus, M. Hamont lui-même a pris soin d'avertir qu'il faut bien être sur ses gardes lorsqu'on traite avec des maquignons du Nejd. Il fait même à ce sujet un petit conte assez bien tourné, et que les lecteurs curieux iront chercher à la page 172 du *Journal des Haras*, tome 30. Il prouve au moins qu'en Arabie, comme ailleurs, il y a des races diverses, des chevaux nobles et purs, — et d'autres d'une extraction moins élevée ; il veut dire aussi qu'il ne faut point être moins connaisseur ni plus crédule avec le maquignon d'Orient qu'avec les marchands européens, ce qui nous rappelle ce vieux dicton fort sage, sans doute inventé par un de nos prédécesseurs en science hippique : *N'achetez jamais chat en poche.*

Dans ses consciencieuses recherches sur la pureté et l'ancienneté des races orientales, Camille Mellinet a écrit ces quelques mots, auxquels on doit ajouter une foi pleine et entière : « On sait que de tout temps les peuples d'Orient ont attaché un grand prix aux chevaux. Chacun avait son nom, sa généalogie, et le stud-book anglais, imité en France, n'est que la continuation de cet antique usage. Mais les anciens faisaient plus encore : leurs chevaux venaient-ils à mourir, on leur dressait un tombeau, et on leur consacrait une épitaphe. »

Et il donne la traduction suivante d'un de ces curieux monuments :

> **Aux Dieux mânes.**
> Fille de la Gétule Haréna,
> Fille du Gétule Equinus,
> Rapide à la course comme les vents,
> Ayant toujours vécu vierge,
> Spendura ! tu habites les rives du Léthé.

Voilà bien une généalogie.

M. de Lamartine a voyagé en Orient; il déclare que « tous les chevaux arabes portent au cou leur généalogie suspendue dans un sachet en poil, et plusieurs amulettes pour les préserver du mauvais œil. »

L'auteur d'une notice sur Wellesley-Arabian dit : « Aucun peuple de la terre n'apporte autant de soins et d'exactitude à constater la généalogie des chevaux que les Arabes. L'acte de la saillie pour les étalons et juments de premier sang est d'abord publiquement annoncé, afin que de nombreux témoins puissent y assister. La même cérémonie se renouvelle à la naissance des poulains, en sorte que l'on peut s'assurer des généalogies authentiques remontant au delà de cinq siècles. *Darley-Arabian* appartenait à l'une des plus anciennes. » (*Journal des Haras*, tome 10 , p. 1ʳᵉ.)

Dans une histoire générale du cheval, publiée en Angleterre, je lis ce passage : « On compte en Arabie trois races ou variétés de chevaux. Selon beaucoup d'opinions, la dernière est celle des *Attéchi*, dont les habitants ne font point d'estime ; la seconde, celle des *Kadischi*, ce qui signifie chevaux de race incertaine, correspondant à nos chevaux de sang mélangé ; et les *Kocklani*, chevaux dont la généalogie est, suivant les Arabes, tracée depuis deux mille ans. Il est commun, dans leurs écrivains, de voir attester des généalogies qui remontent à quatre siècles, et quelques unes, avec toute l'exagération orientale, en tirent depuis Salomon.

» Quoi qu'il en soit de pareilles traditions, il n'en est pas moins vrai que, dans ce pays, les généalogies de chevaux sont conservées et reproduites avec infiniment plus de soin et d'exactitude que celles des plus anciennes familles des chefs arabes ; et des précautions particulières sont prises dans le but de prévenir toute espèce de fraude relativement à la filiation des premiers. »

« Personne n'ignore, a dit Bourgelat, combien les Arabes sont jaloux de leurs races , qu'ils divisent en nobles et toujours pures des deux parts , et nobles et souillées par des mésalliances , enfin en races absolument communes ; et tout le monde est instruit de l'exactitude avec laquelle ils tiennent les registres les plus fidèles du nom, des poils et de la taille de leurs chevaux, qui sont, en quelque façon, la souche et le tronc des chevaux les plus renommés.... »

Le vicomte d'Aure a répété les mêmes faits après mille autres. Il a écrit : « De temps immémorial , l'Arabe s'occcupe spécialement de l'éducation du cheval. Le cheval n'est pas pour lui comme pour nous un accessoire de l'existence, ou l'emblème de la richesse ; c'est toute sa vie... Sa noblesse est celle de son cheval ; il a sa généalogie , connaît ses affiliations , et peut prouver jusqu'à près de trois mille ans que son compagnon, son ami fidèle, est de race noble, et de sang qu'aucune mésalliance n'a pu tacher. Cette noblesse chevaline s'appelle, en Arabie, la race des *Kocklani*; les races croisées, ou qui laissont des doutes sur la pureté de l'alliance, des *Kadischi*. Il existe aussi des races communes ou plébéiennes, car il y a des vilains partout (1). »

Bourgelat cite d'autres dénominations : les chevaux communs sont des *Kuédech*; ceux qu'une mésalliance a souillés prennent le nom de *Hatik*; enfin la race noble et pure est distinguée par le nom de *Kékhilan*.

Il ressort pourtant un enseignement de ces opinions diverses, on ne saurait en disconvenir : il y a du vrai de part et d'autre; chacun a écrit selon ce qu'il a vu et observé. Que l'on n'ajoute pas foi à la relation contradictoire d'un seul en opposition avec plusieurs, cela se comprend; mais que l'on donne créance à une opinion sur une autre, lorsque toutes deux sont étayées sur des autorités également certaines, cela est inadmissible. A laquelle pourrait-on, avec justice, donner raison ? à laquelle un démenti?

Supposons que des Arabes voyagent en Europe, — qui en Angleterre, — qui en Allemagne, — qui en France. Ces contrées offrent incontestablement une facilité d'exploration bien autre que celle que l'Européen le mieux recommandé ne saurait trouver dans les déserts de l'Arabie; eh bien! croit-on qu'ils en rapportent tous les mêmes idées, les mêmes impressions au point de vue des richesses chevalines propre à chacun de ces états parcourus — ceux-ci dans leurs parties les mieux pourvues, — ceux-là, au contraire, dans leurs contrées les plus pauvres.

Les uns s'occuperont plus spécialement des nobles races; ils connaîtront le stud-book, et ils en parleront; ils en parleront comme d'un fait général, et ils n'auront saisi que l'exception.

(1) *Lettre sur l'équitation à Madame la duchesse de N.....*

D'autres, moins heureux, n'auront vu que la plèbe : — celle-là n'a de parchemin en aucun pays ; celle-là n'a aucune noblesse ; elle en est l'antipode ; — ils en parleront aussi en généralisant, et ils nieront peut-être jusqu'à l'existence du cheval de pur sang…. ; ils ne seront pas dans le vrai, et pourtant ils raconteront — les uns et les autres — ce qu'ils auront vu et observé avec la meilleure foi du monde.

Ainsi ont fait, selon toute apparence, les Européens qui ont voyagé en Orient. En ne les étudiant qu'au point de vue de divergence, on les trouve en complet désaccord, cela est évident ; mais si, tenant compte de l'observation qui précède, on les recherche au point de vue des rapprochements, on prend confiance, et l'on est amené à conclure ainsi :

Oui, une race de chevaux supérieure existe en Arabie ; oui, une race d'élite, une race noble et de pur sang, y reçoit des soins tout particuliers de conservation ; peu importent maintenant l'orthographe du nom qu'on lui donne, ou le mot plus ou moins exact par lequel on traduit ce nom… Quel étranger sait donc écrire et faire passer dans sa langue les noms propres d'une langue qu'il ne sait pas, qu'il ne peut même pas savoir ?

Une race noble et pure existe, ce point est donc incontestable.

Mais où la trouve-t-on ? Quel est son siége ? Je répondrai à cette double question par la question elle-même. En Europe, où trouve-t-on la race de pur sang, et quel est son siége essentiel ?… Cette race est un peu partout ; les familles en sont nombreuses, mais clairsemées, et les individus bien plus encore. Elle a un siége, en effet, — le stub-book ; — là seulement on la trouve en nombre.

Et de même en Orient… : les chevaux non tracés sont groupés en familles, en races peut-être ; mais les chevaux de pur sang, — les *Kocklani* ou les *Kohejle*, — sont plus rares que les autres évidemment. Peut-être même ne pourraient-ils pas produire tous leurs parchemins. La généalogie écrite, matérielle, n'est peut-être pas conservée dans toutes les tribus ; mais ceux pour qui on peut l'obtenir authentique sont bien certainement de haute lignée, de noble extraction, et, dans beaucoup de tribus, on la retrace avec le plus grand soin et la plus scrupuleuse attention.

Telle est au moins la conclusion rigoureuse qui ressort de tout ce qui précède, et notamment des formules généalogiques dont la traduction a été si fidèlement rapportée par Groguier et Burkhardt, deux autorités considérables en pareille matière.

Nous pouvons donc adopter de tous points, et sans la modifier en aucune façon, l'opinion de M. le duc de Grammont sur cette question. — Nous la trouvons formulée en termes bien nets, et nous la reproduisons volontiers en terminant :

« On sait, dit-il, avec quelle religieuse exactitude les Arabes tiennent, de temps immémorial, les inscriptions généalogiques de leurs familles de chevaux les plus distinguées, et avec quel discernement ils savent en rapprocher et en allier les rameaux éloignés pour prévenir toute dégénérescence. »

Il restera bien démontré, par conséquent, que les Arabes attachent la plus grande importance à la constatation de l'origine de leurs chevaux nobles, — *Kocklani* ou *Kohejle* ; — que nous pouvons ajouter foi à leurs tables généalogiques, en tant que nous sommes assez habiles pour ne pas nous en laisser imposer par leurs supercheries. Mais, encore un coup, de ce que nous pouvons être trompés par eux, de ce fait que nous pouvons nous tromper nous-mêmes sur la généalogie d'un cheval inférieur, il ne résulte pas que cette généalogie ne soit pas authentiquement constatée pour le plus grand nombre de leurs chevaux de premier sang, sinon pour tous les descendants de la fameuse race *Kohejle*.

Ce point bien établi, nous pouvons maintenant nous occuper du livre généalogique ouvert en Europe chez les différents peuples qui possèdent des familles de la race pure.

Pour nous, on le voit, le cheval de pur sang est un, homogène partout, dans son principe, dans son essence ; nous ne lui trouvons que des différences secondaires qui résultent de la variété des familles.

III.

Les différentes familles chevalines de pur sang que possède aujourd'hui l'Angleterre sont toutes sorties de l'accouplement d'étalons et de juments d'Orient, introduits à diverses époques sur le sol de la Grande-Bretagne.

Les étalons n'ont pas tous été employés à la reproduction pure de la race importée ; ils ont servi également à l'amélioration des races indigènes à l'Angleterre, fort avilies au temps où les chevaux orientaux commencèrent à être plus prisés que les chevaux du pays. — Les juments nobles, au contraire, ne furent jamais mésalliées, et reçurent toujours les étalons les plus célèbres parmi ceux des familles orientales que s'était appropriés l'Angleterre. Elles formaient une caste à part, et, pour les mieux distinguer, afin de ne les plus confondre avec celles que l'amélioration rapide relevait par degrés de leur état d'infériorité, on leur donna une qualification nouvelle, le nom de *Royal-mares*. Bien certainement les possesseurs des *Royal-mares* durent conserver des renseignements exacts, comme tous ceux que l'on gardait autrefois dans tous les haras particuliers, et dans lesquels on retrouva aisément, plus tard, la preuve certaine, irrécusable, de la parenté directe et sans mélange, avec un sang inférieur des animaux nés de l'alliance de ces poulinières avec des étalons de leur ordre.

Mais la valeur plus grande des produits obtenus dut faire naître bientôt la fraude ; bien souvent on a dû essayer de faire passer comme étant de pur sang des animaux qui s'en rapprochaient peut-être par les formes extérieures à la faveur des accouplements d'où ils étaient sortis, mais qui n'appartenaient pas de fait à la race pure conservée sans alliance hétérogène, et dont les individus commençaient à se multiplier sur le sol de la Grande-Bretagne.

C'est alors que l'on sentit la nécessité de consigner dans des recueils annuels les noms et les alliances des chevaux de la race noble et pure, afin de la préserver à toujours de toute souillure, et de prémunir les amateurs contre la supposition et la fraude.

Ces recueils portèrent différents noms, et l'on vit se succéder différentes publications relatives à l'histoire de la reproduction de la race de pur sang, et entre autres *An historical list of horsematches*, vers l'an **1750**, — *the sporting calandar* en **1769**, — *the racing calandar*, qui commence en **1773**, et qui se continue encore avec beaucoup de soin et de ponctualité; — puis enfin beaucoup d'autres ouvrages du même genre, et pourtant moins spéciaux.

Malgré tout, ces différents recueils ne donnaient qu'une très courte généalogie de chaque cheval, et n'avaient d'ailleurs aucun lien, aucun enchaînement entre eux. Il en résultait de grandes difficultés soit pour retrouver la suite non interrompue des filiations, soit pour remonter avec toute certitude jusqu'au point de départ, jusqu'à la race orientale elle-même dans les individus importés. Le maquignonnage avec ses ruses et ses supercheries, avec toutes les ressources que lui suggère la cupidité, contribua aussi à jeter la confusion dans les recherches, et les amateurs furent de nouveau menacés de ne plus s'y reconnaître, car beaucoup de généalogies fausses étaient produites dans un intérêt de vente plus avantageux et mieux assuré. C'est alors que vint l'idée d'une publication générale, authentique, et que fut arrêtée la rédaction d'un seul livre généalogique, qui, résumant avec soin tous les renseignements vrais, fondés, exacts, mais disséminés dans les divers recueils imprimés jusque là, offrît la généalogie et la descendance de tous les chevaux nés en Angleterre des étalons et des poulinières de pur sang qu'on y avait précédemment introduits. Ce travail, intitulé *The general stud-book containing pedigrees of races horses*, date de **1791**. Il remonte aux premiers temps de l'importation de la

race primitive, s'est continué sans interruption ni lacune jusqu'à nos jours, doit se prolonger de même dans l'avenir, et
faire toujours loi, selon toute apparence, ainsi que cela a lieu
maintenant non seulement en Angleterre, mais dans toute
l'Europe, voire dans le Nouveau-Monde, comme nous tributai-
re, sous ce point, de l'heureuse Angleterre.

M. Huzard fils, avons-nous déjà dit, a attaqué l'authenticité
de ce grand ouvrage. Il le voit rempli d'erreurs, et lui refuse
un haut degré de confiance sous prétexte qu'il ne saurait, en
raison des difficultés d'un semblable travail, indiquer la pureté
absolue des chevaux inscrits, mais seulement le degré de noblesse que peut faire accorder à chacun le degré de métissage
auquel il aurait été successivement amené. Nous avons repoussé
cette opinion, qui nous paraît avoir principalement pris racine
dans l'esprit de M. Huzard fils lorsqu'il a eu à défendre une
théorie attaquée. Nous reviendrons plus loin sur cette théorie,
et nous la soutiendrons ou la combattrons suivant les circonstances, car elle nous paraît fondée ou fausse selon l'application
judicieuse ou intempestive qu'on en fait.

M. Huzard a pu découvrir quelques intrusions au stud-book;
comment en aurait-il été autrement? Mais ces admissions illégitimes n'ont pas nui long-temps à la race elle-même : car les
animaux de pur sang, et *à fortiori* ceux qui ne le sont pas, ne
montrent pas tous la même valeur, les mêmes qualités; ceux-là
seulement qui donnent la preuve de leur supériorité servent à
la reproduction et à la conservation de la race à l'exclusion de
tous les autres. Est-ce qu'il en est autrement dans l'état de liberté et d'indépendance? Est-ce que la nature emploie le concours de tous les animaux procréés pour conserver intactes les
espèces et les maintenir toujours à leur hauteur respective, sans
dégénération aucune? Non, sans doute. Un petit nombre suffit
à cette fin, et le but de la création est toujours assuré, toujours
atteint. L'homme ne saurait faire mieux, et son intelligence
peut toujours le soustraire aux effets de l'erreur et de la fraude.
Ce serait par trop rétrécir le sujet que de l'envisager dans un

horizon aussi borné. Elargissons, élargissons autant que possible le cercle ; lorsque nous avons à nous occuper de pareilles questions, cherchons à nous élever toujours à la hauteur des lois de la nature, et sachons sortir des limites trop restreintes d'une idée purement spéculative ou d'une opinion toute personnelle. En nous grandissant, nous aurons encore assez de peine à atteindre à la vérité ; comment y arriverions-nous si nous nous faisions plus petits encore que nous ne sommes ?

Une nouvelle citation empruntée à un journal allemand, et que nous prendrons au tome 4, page 359, du *Journal des Haras* (1830), viendra corroborer en tout point notre manière de voir touchant la pureté de la race anglaise qualifiée de pur sang, et constater l'insignifiance des intrusions au stud-book. Ici ce sont des faits pratiques ; ils valent encore mieux que le simple raisonnement, quelque logique qu'il soit.

« Si j'ai bien compris les auteurs allemands qui ont écrit sur les chevaux anglais de pur sang, dit M. le comte de Weltheim, tous, excepté pourtant M. Ammon, m'ont paru croire que la race de chevaux de course, la race de pur sang (*thorough or racing breg*), souche des différentes espèces de chevaux qu'élève actuellement l'Angleterre, avait été formée par le croisement continu de juments indigènes avec des étalons orientaux.

» Cette fausse opinion est d'autant plus extraordinaire, qu'une foule de documents publics, dépôts d'observations et de faits recueillis sans interruption, et avec la plus scrupuleuse exactitude, depuis plus d'un siècle, tels que le calendrier des courses (*the racing calendar*), le registre des courses ou du gazon (*turf register*), et le stud-book général de Weatherby (*Weatherby's general stud-book*), constatent de la manière la plus formelle le contraire. Voici ce qu'ils nous apprennent :

» Dès le règne de Jacques Ier on avait commencé à importer des étalons de l'Orient pour les employer à l'amélioration des races indigènes ; mais pendant un certain laps de temps ces importations ne donnèrent aucun résultat notable. Il faut sans doute voir l'unique cause de cette absence de produits remarquables dans l'emploi isolé de ces étalons nobles, qui, accouplés seulement avec des juments indigènes, ne pouvaient conséquemment former une race d'origine pure, mais donner seulement des métis, qui, comme tous les individus de ce genre, ne tardèrent pas à dégénérer.

» Ce ne fut que sous Charles II, amateur passionné des courses de chevaux, et qui le premier en établit les règles, que l'on se convainquit enfin de la nécessité de former une race entièrement de pur sang. Pour y parvenir, ce roi envoya en Arabie et dans l'Asie mineure son directeur de haras, avec ordre d'y acheter quelques étalons et un certain nombre de juments, qu'il devait ramener ensuite en Angleterre.

» Il paraît que cette démarche eut le plus heureux résultat, et que ce sont les juments importées par suite de cette mission qui, encore aujourd'hui, sont inscrites dans les livres généalogiques des chevaux anglais, sous le nom de juments royales (*Royal mares*), et forment la souche de la race actuelle des chevaux de course. Je suis loin de nier cependant que, dans les cinquante premières années de l'institution régulière des courses, c'est-à-dire de 1670 à 1720, il ne se soit trouvé quelques chevaux de course qui n'étaient point le produit pur et sans mélange de chevaux orientaux. Il devait en être nécessairement ainsi ; mais il est facile de se convaincre, en parcourant les documents et les actes authentiques qui forment les archives de la race anglaise, que dès 1720 aucun cheval ne paraissait sur l'hippodrome qui ne fût d'une origine orientale. On se tromperait si l'on voyait dans cette exclusion une simple exigence de la mode ; elle n'existait que parce que l'expérience avait suffisamment constaté qu'il n'y avait aucun succès à espérer d'un cheval dont le sang aurait été mélangé avec le sang du nord, si faible qu'en fût la portion.

» Cependant on a vu plus tard paraître dans les courses quelques chevaux dont l'origine n'avait point toute la pureté dont je viens de parler, et dans lesquels on pouvait soupçonner du sang mélangé ; mais, s'ils y ont figuré autrement que comme moyens d'expérience, on ne doit voir en eux que de ces rares exceptions que l'on ne saurait appeler à l'appui d'aucune assertion. De tous ces chevaux, au reste, trois seulement sont connus comme ayant eu un succès qui ait répondu aux tentatives que l'on a faites en ce genre. Voici leurs noms :

» 1° *Sampson*, cheval entier, robe noire, élevé en **1745**, et appartenant à **M.** Robinson. Il se distingua comme cheval de course vers l'année **1750** et les suivantes. Bien qu'il ne pût posséder qu'une très faible portion du sang du nord, il était cependant d'une taille et d'une force si extraordinaires, que, lorsqu'il parut pour la première fois à Newmarket, tous les jockeis s'amusèrent de **M.** Robinson en lui voyant l'intention de faire courir ce qu'ils appelaient un cheval de carrosse. Tous les détails relatifs à ce cheval extraordinaire et à ses descendants se trouvent dans l'ouvrage de **M.** John Lawrence, intitulé *History of the race horse*, p. **110** à **227**.

» 2° *Engineer*, cheval entier, bai brun, né en **1755**, fils du précédent. Il se fit connaître vers l'année **1760** et les suivantes comme bon cheval de course.

» Et enfin *Mambrino*, cheval gris, aussi fils du précédent, né en **1768**, et qui, quelques années après, acquit de la célébrité.

» Les bonnes qualités de ces trois étalons, jointes à une construction forte et vigoureuse, firent pendant quelque temps rechercher leurs descendants. M. Lawrence dit dans l'ouvrage cité plus haut qu'il se rappelle très bien qu'à la dernière des époques dont je viens de parler, on regardait comme une recommandation pour un cheval de pouvoir citer dans sa généalogie un croisement de *Sampson*, et que l'on recherchait beaucoup alors les juments issues d'*Engineer*. Bientôt, cependant, l'on ne tarda pas à se convaincre que cette race ne conservait point les qualités de ses ancêtres, et que, semblable en cela à toutes les espèces métisses, sa dégénérescence augmentait à chaque génération, et la rendait tous les jours plus impropre à figurer dans les courses. On se hâta dès lors de rejeter des haras de chevaux de pur sang tous les individus qui pouvaient lui appartenir ; et tel est le souvenir qu'elle a laissé, qu'aujourd'hui encore tous les éleveurs et les amateurs de paris redoutent à l'excès le sang impur et *un fashionable de Sampson*, et que l'on évite soigneusement d'employer à la reproduction les chevaux chez lesquels on pourrait craindre la moindre parenté avec lui, quelque éloignée qu'elle fût. ›

Ce passage n'a pas besoin de commentaires.

IV.

Nous avons déjà conclu, et par anticipation, dans le chapitre qui précède ; nous n'avons donc qu'à nous repéter. Le stud-book peut seul constater la noblesse des familles de la race pure importées ou nées en Europe, et il doit faire loi en dépit des erreurs ou des omissions qu'on pourrait lui reprocher. Par lui seulement on arrive à connaître la situation de ces familles dont l'origine remonte aux fondateurs de l'amélioration chevaline en Angleterre, contrée qui a devancé tous les autres états d'Europe dans cette voie ; et ces fondateurs, redisons-le, sont les *Royal-mares*, et les étalons de races arabe, barbe, turque et persane, ancêtres de tous les chevaux de pur sang qui, de la Grande-Bretagne, se sont successivement répandus sur d'autres points du globe.

Notre stud-book, à nous, ne date que de 1838, et il se continuera dorénavant avec la même suite et la même exactitude qu'en Angleterre ; il est sorti d'une ordonnance royale de 1833. Ça été un long et difficultueux travail que de rassembler, comme on l'avait fait pour l'Angleterre, tous les éléments épars, toutes les richesses inconnues et pendant si long-temps inappréciées, pour en former la base, le point de départ du registre-matricule des chevaux de pur sang, et la souche des familles destinées à produire dans les races inférieures la même amélioration qu'en Angleterre. La suite est chose facile maintenant, et ne demande plus qu'une vérification attentive des pièces exigées pour l'inscription au grand livre généalogique des familles de la race de pur sang.

Comme le stud-book anglais, celui de France a eu ses critiques : — M. le duc de Grammont et le Jockey-Club parisien.

M. le duc de Grammont repoussait toute autre race que l'arabe, et celle que l'on est convenu d'appeler anglaise de pur sang ; les autres races orientales, barbe, turque et persane, ne devaient pas y être admises, car elles ne sont, d'après cet hippologue, que des dérivés affaiblis, des émanations abâtardies de la race-mère.

Le Jockey-Club poussait l'absolutisme plus loin : il ne voulait au stud-book français que l'inscription des chevaux ou juments importés d'Angleterre en France, et de ceux nés en France de l'accouplement des premiers.

Nous ne rentrerons pas dans la discussion à laquelle nous avons soumis ces opinions, qui se combattent l'une l'autre ; nous dirons seulement que la commission instituée pour réunir les documents relatifs à la formation du stud-book, et pour juger en dernier ressort des droits à l'inscription, a tranché la difficulté en proposant de séparer dans le même livre, sous des titres différents, l'inscription des chevaux de pur sang anglais, et l'inscription des chevaux de pur sang oriental. Cette décision n'a fait qu'introduire plus d'ordre et de méthode dans la rédaction d'un livre qui en exige beaucoup.

On y trouve par conséquent, divisés en quatre groupes distincts, tous les animaux qui ont été admis à l'honneur d'une inscription ; ils y figurent sous les chefs ci-après :

« 1º Les étalons de race pure anglaise ;

» 2º Les poulinières de même race et leurs produits ;

» 3º Les étalons de race pure arabe ;

» 4º Les poulinières de même race et leurs produits.

» Les produits du croisement d'une race avec l'autre suivent l'état de la mère ; la race du père est toujours désignée. Après le *pedigree*, ou généalogie de chaque étalon, on indique les localités où il a fait la monte, et le nom du propriétaire actuel.

» Comme dans le stud-book anglais, à la suite de chaque poulinière se trouvent toutes ses productions, du moins toutes ses productions connues, quelquefois les renseignements ayant manqué,par la faute des propriétaires.

» La rédaction du *pedigree* présentait quelques difficultés. Si l'on suivait littéralement la version anglaise, on pouvait tomber dans l'obscurité. Pour remédier à cet inconvénient, on a pensé qu'après avoir mentionné le nom, l'âge, la robe et le lieu de la naissance, le père et la mère d'un animal de pur sang, il suffirait de faire connaître ses grands pères et ses grand'-mères, du côté paternel comme du côté maternel. Les personnes qui voudraient remonter plus haut pourraient avoir recours au stud-book anglais, à la page qu'on a pris soin d'indiquer à chaque *pedigree*. » (*Stud-book français, tome* 1*er, p.* 4.)

Ainsi, par suite de la classification indiquée, les produits des croisements d'une race par l'autre suivent l'état de la mère.

Des suppléments doivent paraître de deux en deux ans, et ajouter aux premiers volumes les accroissements successifs, les acquisitions nouvelles, les derniers venus.

Des listes terminent chaque volume et comprennent les noms des chevaux et des poulinières sur lesquels il n'est parvenu aucuns renseignements. On publie aussi l'obituaire de la race, et chaque supplément renferme le catalogue des pertes depuis la dernière publication.

On répare enfin les omissions aux volumes précédents, on comble les lacunes résultant des renseignements tardivement envoyés. Cette dernière liste porte, dans les livres de ce genre, le titre : *Addenda*. Il est important de connaître la composition du stud-book, car il ne faut rien ignorer lorsqu'on se livre à des recherches généalogiques, sous peine de ne pas les faire complètes. Mais on n'oubliera jamais l'existence de l'*addenda*, à la fin de chaque volume, si l'on prend la peine de lire le passage ci-après, extrait du feuilleton d'un grand journal, et recueilli par celui des *Haras*, tome 19, page 372. Le grand confrère avait voulu rendre compte du dépôt, qui avait été fait à la préfecture de la Seine, de l'épreuve du premier volume du stud-book français.

« Nous n'avons encore que 25 poulinières orientales, disait-il entre autres choses erronées, et 6 *addenda.* »

Mais qu'est-ce que la race *addenda,* demande le journal des *Haras?* Et il répond : « Adressez-vous au journal *le Temps,* lui seul pourra vous l'apprendre ; et, s'il ne peut en venir à bout, citez-lui les vers du bonhomme La Fontaine, en lui conseillant d'en faire son profit dans une autre occasion :

> . . . .
> Le Dauphin dit : Rien, grand merci ;
> Et le Pirée a part aussi
> A l'honneur de votre présence :
> Vous le voyez souvent, je pense?
> — Tous les jours ; il est mon ami,
> C'est une vieille connaissance.
> Notre Magot prit pour le coup
> Le nom d'un port pour un nom d'homme.
> De tels gens il en est beaucoup
> Qui prendraient Vaugirard pour Rome,
> Et qui, caquetant au plus dru,
> Parlent de tout et n'ont rien vu.

La leçon était bien méritée ; mais les journaux quotidiens en profitent fort peu, et commettent beaucoup trop souvent des *erreurs* — le mot au moins est poli — de la même taille que celle du *Temps* — ainsi relevée par le journal des *Haras.*

On est dans l'usage, et c'est à tort, selon nous, de nommer au stud-book quelques produits de demi-sang. Nous voudrions que cela ne pût avoir lieu. Les autres renseignements sont utiles, indispensables même : il faut bien que l'on sache que telle jument, par exemple, livrée à un étalon de demi-sang, a produit en telle année un poulain qui n'a pu être tracé, puisqu'il n'appartient pas à la race pure ; mais nous ne voudrions y trouver ni son nom ni sa robe. Il suffirait d'écrire en regard de l'année : *Livrée au demi-sang*.

En annonçant la publication du troisième supplément au stud-book, en Prusse, M. le comte de Montendre fait connaître ce travail dans les termes que voici :

« Le troisième supplément au registre des chevaux de pur sang du royaume de Prusse (stud-book prussien), contient les noms de 170 étalons et de 739 poulinières appartenant à cette race type, et divisés de la sorte :

» 1° Chevaux de pur sang portés au stud-book anglais ;

» 2° Chevaux de pur sang nés sur le continent, de pères et mères dont les noms sont insérés au stud-book anglais ;

» 3° Chevaux nés de pères et mères arabes ;

» 4° Chevaux résultant de croisements entre juments anglaises et étalons arabes, ou de juments arabes avec des étalons anglais.

» La commission chargée de la formation du stud-book prussien s'est autorisée de l'exemple de l'Angleterre pour le classement, parmi les chevaux de pur sang, des chevaux orientaux et de leurs descendants ; elle n'a donc pas hésité à les placer au nombre des chevaux dignes de figurer sur le stud-book, en appuyant sa décision par les raisonnements suivants, extraits de la préface du premier catalogue publiée en 1832.

« Cette manière de procéder ne peut avoir aucun inconvé-
» nient, parce qu'il est facile de s'apercevoir aux épreuves
» auxquelles les chevaux sont soumis, soit aux courses, soit
» aux chasses et dans tout autre service, si eux ou leurs pa-
» rents ont été dignes de l'honneur qu'on leur a fait en les
» plaçant sur ce Catalogue, d'où on les expulsera s'ils ne ré-
» pondent pas à l'opinion qu'on s'en est faite d'abord. »

» Nous ne pouvons approuver de semblables raisonnements, ajoute avec beaucoup de raison M. de Montendre, car le provisoire qui est la suite de l'adoption d'une mesure qui a pour résultat de laisser des doutes sur l'origine d'un grand nombre des animaux portés au stud-book prussien fait trop long-temps rester les éleveurs dans un vague indéfini tout à fait nuisible à leurs intérêts. Nous avons conçu notre stud-book d'une manière plus rationnelle, et nous l'avons établi sur des bases plus solides et plus durables, tout en admettant les arabes et leurs descendants (1). »

Cette observation de M. le comte de Montendre a beaucoup d'importance. En effet, il ne fallait plus de doutes, il ne fallait plus aucune incertitude après l'insertion au registre. C'est aux amateurs à apprendre à lire et à ne choisir, parmi tous les noms dont se compose le Catalogue, que ceux qui répondent réellement par leurs qualités au mérite propre et entier de la race.

Tout n'est pas dit, tout n'est pas terminé, lorsqu'on a pu constater l'inscription au stud-book du premier cheval de pur sang venu ; il faut rechercher encore s'il compte dans son ascendance des noms fameux, par quelles qualités ses aïeux se recommandaient, et enfin comment lui-même se fait remarquer, soit par sa conformation, soit par ses hauts faits sur l'hippodrome, soit principalement par la manière dont il a résisté aux épreuves qu'il a subies contre de vaillants athlètes.

C'est ainsi que procèdent les Arabes, et nous ne saurions nous montrer plus faciles qu'eux, puisque nous nous trouvons dans des conditions beaucoup moins favorables, sous les rapports au moins du climat et de l'alimentation.

« Aucun cheval ne peut être considéré comme véritablement de pur sang qu'autant que ses prétentions à cette distinction ont été constatées par des épreuves de courses. Il n'existe pas d'autre moyen de prouver la pureté du sang ; tout autre mode doit être regardé comme chimérique, et il n'en est pas qui ne puisse tromper les meilleurs juges.

» Quand il s'agit d'essayer un cheval noble à la course, l'Arabe le monte au moment où règne la plus forte chaleur du jour

---

(1) *Institutions hippiques*, t. 1ᵉʳ, note de la page 64.

pour lui faire parcourir tout d'une haleine 25 ou 30 lieues sur le sol brûlant et pierreux du désert, et, lorsque la course est terminée, il l'oblige d'entrer jusqu'au poitrail dans l'eau; si le cheval mange d'un bon appétit après cette épreuve, son sang est reconnu des plus généreux. » (*Extrait des* OBSERVATIONS D'UN AMATEUR SUR LES CHEVAUX ARABES.)

Ainsi, même en Arabie, le berceau de la race-mère, le cheval n'est pas accepté pour lui-même. sur sa bonne mine, qu'on nous passe le mot, ni pour cela seul qu'il descend d'illustres aïeux. Ces deux faits sont, sans aucun doute, une très forte présomption en sa faveur; mais on n'y attache une haute valeur, une importance certaine, qu'après qu'ils ont été consacrés par une très rude épreuve. N'est-ce pas, pour le dire en passant, un argument bien puissant contre ceux qui repoussent le travail de l'hippodrome? Car ceux-là voudraient trop s'en rapporter à l'examen pur et simple de la forme : moyen faillible et conduisant d'autant plus sûrement à l'erreur qu'on n'est et ne sera pas souvent d'accord sur les beautés physiques, trop soumises aux caprices de la mode.

M. le duc de Grammont, grand partisan du système des épreuves, n'admet au nombre des chevaux arabes, ainsi que nous l'avons déjà constaté, que les seuls chevaux qui ont été éprouvés en Arabie. Or le fait des épreuves n'a point encore été contesté, que nous sachions.

V.

Indépendamment du stud-book, fort bien appelé *General Stud-Book* en Angleterre, chaque haras particulier devrait posséder, ainsi que tous les hippologues l'ont de tout temps recommandé, un registre généalogique et historique pour tous les animaux qu'il produit, élève ou emploie à la reproduction.

Ici, ce ne serait plus un simple catalogue, mais une histoire détaillée et complète de chaque individu, suivi et observé dans les différentes phases de son élevage; ce serait une histoire scientifique de sa vie, considérée chez ses auteurs d'abord, et puis en lui-même par comparaison utile ; ce serait une série d'observations physiologiques qui hâteraient singulièrement les progrès d'une science difficile, celle des accouplements, en éclairant quelques points obscurs et en élargissant toujours le cercle encore si rétréci des connaissances nécessaires à tout éducateur de chevaux ; ce serait enfin un riche dépôt de renseignements et de faits pratiques dont l'explication aurait lieu en son temps, et qui ferait profiter ceux qui entrent dans la carrière de l'expérience de ceux qui l'ont parcourue (1).

E. G.

(1) Nous espérons bien, dans le cours de ces études, pouvoir intercaler un travail de ce genre concernant les diverses familles de chevaux entretenues au haras royal de Pompadour. C'est le *Livre d'or* du haras que nous nous proposons d'ouvrir et de publier.

Le pur sang anglais et le pur sang arabe.

I.

Nous avons établi en principe que le sang varie dans sa nature quant à la proportion de ses éléments et quant aux qualités particulières qu'il tient de cette proportion même.

Nous avons reconnu que dans l'espèce chevaline il atteint son plus haut degré de supériorité et de richesse sous certaines influences climatériques et dans certaines conditions résultant des soins judicieux que l'homme peut donner à la culture des différentes races du cheval.

Nous avons étudié, au point de vue de la physiologie comparée, les propriétés physiques et vitales de ce liquide dans les veines du cheval type ou de pur sang — et dans celles du cheval dégénéré.

Nous avons déterminé quels chevaux devaient être qualifiés du nom de pur sang, et nous avons trouvé comme généralement admise l'opinion que le pur sang est le seul agent efficace de l'amélioration et du perfectionnement des races.

Mais le pur sang coule dans les veines de deux principales familles ou sous-races de chevaux très distinctes entre elles, si distinctes même extérieurement, que les hippologues et les amateurs les considèrent comme des races différentes : — celle de pur sang anglais — et celle de pur sang oriental.

Cette distinction établit une grande divergence d'opinions quant au choix des sujets améliorateurs pour les races altérées, inférieures. — Ceux-ci veulent le cheval anglais à l'exclusion de tout autre ; — le cheval arabe est de beaucoup préféré par ceux-là : — d'aucuns repoussent complétement et systématiquement le pur sang anglais ; — certains autres l'admettent en concours relatif avec le pur sang d'Arabie à la régénération des races déchues.

Ici donc il y a dissidence, et voici la question du pur sang posée entre les partisans fanatiques du pur sang anglais et ceux qui n'en veulent pas reconnaître sans réserve ou la valeur plus grande ou la supériorité exclusive et absolue.

Souvent la controverse a été vive et animée. De part et d'autre on a parlé le langage de la passion, et ce grand procès, également instruit en Angleterre, en Allemagne et en France, est en quelque sorte encore pendant devant les hommes compétents. On dirait d'un tribunal qui a remis, indéfiniment ajourné, le prononcé du jugement dans une grave et sérieuse affaire. Nous remplirons un rôle qui a son utilité en présentant le résumé impartial des débats : chacun appréciera et jugera.

Le pur sang anglais et le pur sang arabe sont tour à tour — le métal massif et l'ouvrage plaqué ; — l'ombre après laquelle on court au lieu d'aller droit à l'objet pour le saisir ; — le cheval pur et le cheval dégénéré ; — le cheval stationnaire et le cheval perfectionné. — L'arabe, c'est encore le mélange indigeste du moine d'Erfurth, dont personne à coup sûr ne voudrait plus charger ses armes aujourd'hui ; — mais l'anglais ne lui est pas plus supérieur que les essais informes de Guttemberg ne le sont aux éditions de luxe de la typographie moderne. — L'arabe, c'est le cheval d'autrefois, un animal antédiluvien dont tout le monde parle et que personne de ce temps n'a pu voir : c'est un être fantastique et imaginaire, un Lilliputien incapable ; — mais l'anglais ne vaut pas même la litière de l'écurie ! c'est un invalide : il tousse, il boîte, il est panard, étroit, serré, arqué, taré par tous les bouts ; on ne le sort ni quand il pleut, ni quand il neige, ni lorsqu'il vente : quand donc ? On l'enveloppe de flanelle de la tête aux pieds ; en hiver il mange des pâtes pectorales, dans la belle saison il va aux eaux et prend des bains de mer ; c'est un cheval factice, une existence qui ne se soutient que dans des conditions exceptionnelles et onéreuses. — L'arabe est petit : c'est la monture de l'habitant du désert, et non le cheval des peuples civilisés ; — l'anglais, lui, est grand et haut perché : c'est un échassier long et étripé, une ficelle qui ne va que lorsqu'on la tire et qui casse vite lorsqu'on la tire un peu trop fort. — L'arabe appartient à une race douteuse, — l'anglais à une race maudite....

Telles sont les gentillesses réciproques que s'envoient les antagonistes des deux races, comme on les nomme, sans se douter qu'une semblable dispute nuit essentiellement à l'application même du principe du pur sang, que tous néanmoins reconnaissent et proclament. Dans ces hideux portraits qu'ils tracent du cheval noble, ils n'en montrent que la caricature mal faite, ils n'en exposent qu'une charge ridicule. Est-ce que toute société n'a pas ses plaies et ses misères? Quelle population ne peut être vue, étudiée, que dans les perfections de son type? Tout classement présente un premier et un dernier échelon, un cône offre toujours une base et un sommet.

Nous connaissons maintenant les chevaux des deux familles. Quand des amis maladroits s'étaient chargés de les faire représenter du mauvais côté et d'exagérer le tableau des défectuosités qui peuvent les atteindre, il était bon d'esquisser celui des perfections de la race. Nous l'avons fait précédemment.

Le point de départ de toute cette polémique est vicieux : c'est qu'il ne s'appuie pas sur des assises solides, sur l'observation et l'expérience. Toute cette discussion est établie sur la pointe d'une aiguille, comment en sortirait-il quelque chose de plein et de large comme une vérité fondamentale, comme un principe? Elle a voulu proclamer un fait évidemment erroné, et la pratique ne l'a jamais sanctionné. Elle a dit : Le sang est tout ; seul il suffit pour améliorer ; versez, versez abondamment le sang sur toutes les races : il est la source unique de toute régénération, de tout progrès ; tel quel, s'il est de pur sang, un reproducteur donnera toujours et incontestablement meilleur qu'un étalon non tracé. Dans vos choix n'ayez donc aucune autre considération que celle du sang ; qui peut le plus peut le moins : le sang tient lieu de tout, puisqu'il résume toutes les qualités innées du cheval. Et ce système fut porté à un tel degré d'exagération et d'absolutisme, qu'il fit abandonner et oublier toutes les règles de la production animale et qu'on lui soumit toutes les modifications de la formation des êtres. Ces idées avaient pénétré si avant, que l'ancien archevêque de Malines, l'abbé de Pradt, les résumait ainsi : On peut commander un cheval à un éducateur intelligent comme on commande un habit à un tailleur, et il doit se charger de le fournir à une époque donnée — de la robe, de la taille, de l'encolure et du caractère qui auront été désignés. — L'abbé de Pradt s'est trompé : les termes du problème ne sont pas si simples. Il ne pouvait en obtenir la solution, et il a échoué comme ont échoué tous les partisans absolus et exclusifs du pur sang.

Voilà pour le principe en général, qui a peu souffert, et n'en est pas moins resté entier, parce qu'il est vrai. Et en effet toutes les opinions veulent encore du pur sang comme source de régénération et de puissance ; nous verrons plus tard comment il faut en user dans l'application.

Mais tandis que les adorateurs exclusifs du cheval anglais, le seul qu'ils qualifient de pur sang, l'offraient à tous sans distinction, comme le remède universel à tous les maux dont les différentes races équestres se trouvaient atteintes et convaincues, une autre panacée non moins infaillible était présentée en concours du grand principe, — les courses, — non plus comme institution utile, jeune et vivace, comme moyen d'épreuve raisonné, donnant la mesure de la vitesse unie à la force et à la résistance, c'est-à-dire au fonds, mais comme institution usée, vieille et décrépite, telle que l'ont faite la passion effrénée du jeu et la fureur des paris, et ne servant plus à constater qu'une seule qualité, — la vitesse.

Pour ceux-là, le cheval le plus propre à la reproduction

(car il ne faut pas dire le plus apte à l'amélioration), c'est le cheval le plus vite. Dès lors l'hippodrome empiéta sur les lois de la nature, la conformation vigoureuse et athlétique des chevaux d'autrefois diminua peu à peu, la force et la durée devinrent des qualités secondaires et exceptionnelles, tandis que la légèreté et la vitesse furent considérées comme plus essentielles et même comme l'unique but auquel dut tendre la reproduction. Les distances furent raccourcies et les poids allégés. La symétrie et la régularité des formes, l'ampleur et la netteté des os, la force des tendons, importèrent peu ; tout enfin fut subordonné à une seule faculté, — la vitesse, — le plus haut degré de vélocité possible.

Ainsi poursuivie, exaltée, cette qualité modifia beaucoup l'organisme du cheval. Elle en changea la structure, cela est incontestable ; mais elle n'atteignit pas le principe même de l'organisation ; elle n'a rien pu lui ôter de sa condition primitive, essentielle ; elle n'a point fait dégénérer le cheval dans son sang, elle a seulement développé en lui une aptitude spéciale plus grande, acquise au détriment d'autres facultés tout aussi précieuses chacune en particulier que celle-ci, mais dont la réunion est nécessaire pour constituer la perfection, c'est-à-dire la plénitude de capacité et de pouvoir chez le cheval de noble race.

C'est ainsi que le coursier du désert, naturalisé anglais, devint plus rapide que l'arabe lui-même pour de courtes distances, et que le cheval de pur sang anglais eut sur lui l'avantage dans les courses à l'anglaise.

Battu sur l'hippodrome par le cheval anglais, l'arabe fut déclaré inférieur à ses fils. On considéra ceux-ci comme ayant été perfectionnés à la faveur de soins intelligents et soutenus.

Ce n'est là toutefois qu'un perfectionnement partiel : car, en ne poursuivant qu'un seul ordre de facultés à l'exclusion de toutes les autres, celles-ci, ainsi négligées dans l'acte reproducteur, paraissent s'être amoindries, avoir perdu de leur puissance en raison même du développement plus considérable de la qualité uniquement recherchée et poursuivie dans une longue série de générations successives, et toujours obtenue plus grande d'âge en âge jusques à développement complet. Sous d'autres rapports donc il y aurait une véritable dégénération, puisque d'autres facultés auraient perdu de leur force, puisque l'on observerait un affaiblissement réel dans les conditions de vigueur et d'énergie durable que peuvent seules donner une conformation ensemble et harmonieuse, une organisation bien prise, riche dans toutes ses parties et fortement accentuée.

Cela suffit à rendre compte de la manière différente dont se trouve établie l'opinion sur les deux familles de pur sang, eu égard aux individualités qui les représentent en Europe et en Orient.

En Orient le cheval est d'une naissance d'autant plus illustre (on nous passera le mot) que sa noblesse est plus ancienne, qu'il compte dans sa famille un plus grand nombre de générations, ce qui fait dire à l'Arabe, lorsqu'il constate la naissance d'un poulain, que ce dernier est plus noble que son père et que sa mère.

En Europe, on a abandonné l'expression *noblesse*, et le cheval le plus *perfectionné* est toujours celui qui a couru le plus vite et donné le plus grand nombre de vainqueurs sur l'hippodrome.

En Orient donc la pureté de la race est principalement fondée sur son ancienneté et sa constance; en Europe son plus haut mérite consiste à obtenir un nouveau degré de perfectionnement de la faculté à laquelle on s'attache avant tout et dont on poursuit le développement à peu près exclusif, l'exagération même.

En Orient le but important est la conservation des qualités primitives dont on cherche toujours à constater l'existence, le non-affaiblissement. En Europe c'est un perfectionnement toujours nouveau, toujours plus grand que l'on poursuit, sinon à l'exclusion raisonnée de toutes les autres perfections. tout au moins en les négligeant beaucoup, et souvent même en les oubliant à peu près complétement, puisque nombre d'amateurs en fait véritablement trop bon marché.

Cette opinion n'est pas nouvelle, elle repose sur une théorie déjà bien vieille ; elle paraît d'ailleurs bien fondée, et l'observation la consacre encore tous les jours.

« On ne permettait pas aux jeunes Grecs bien élevés de dé-
» passer certaines limites dans les exercices de gymnastique,
» parce qu'on craignait que cela ne nuisît au développement
» de leurs formes et à leur croissance. On pensait que le corps
» de l'homme ne pouvait être développé que jusqu'à un certain
» degré, et que, ce degré atteint, il devait perdre d'un côté ce
» qu'il gagnait de l'autre.

» L'équilibre des forces générales est détruit dès que la force
» de l'une des parties est développée de préférence, et cette
» force dégénère en faiblesse, car elle n'a été produite qu'ar-
» tificiellement. Notre propre expérience nous a démontré la jus-
» tesse de ces observations, et nous en concluons que l'institu-
» tion des courses ne doit pas diriger, mais seulement accom-
» pagner l'élève générale du cheval.... (1).

Quoi qu'il en soit, on comprend comment, avec cette nou-
velle direction imprimée aux idées, le cheval de pur sang, grandi et modifié en Angleterre par un système de reproduc-
tion et d'élevage à part, dut prendre faveur et se substituer peu à peu, en Angleterre même, au cheval d'Orient qui lui avait donné naissance. Un argument de valeur dont le nouveau cheval anglais eut tout le bénéfice, c'est l'amélioration vraie, con-
sidérable, de la majeure partie des chevaux indigènes à la Grande-Bretagne. Le pur sang anglais, c'est-à-dire l'*arabe perfectionné*, en eut tous les honneurs comme s'il n'y avait pas justice à l'attribuer, en partie du moins, au cheval père dont la puissance avait transformé en bonnes races cette tourbe de

____

(1) *Institutions hippiques* , 1er vol. : *Encore un mot sur l'élève du cheval*, par M. de Burgsdorf.

mauvais chevaux tombés au plus bas degré de l'échelle. Dans le même temps, quelques chevaux médiocres venus d'Orient ayant eu peu de succès et de vogue, la question fut vite tranchée.

Le cheval d'Orient, on le déclara, était resté stationnaire, si même il n'avait pas dégénéré ; — le cheval de pur sang anglais, au contraire, avait été perfectionné. Le premier ne répondait plus aux besoins de l'époque, — et le second satisfaisait à toutes les exigences d'une civilisation avancée.

La conclusion était facile à déduire : — Le cheval arabe devait être partout abandonné ; — le cheval anglais devait être partout adopté.

L'application de cette pensée toute systématique devint assez générale, mais pourtant pas complétement absolue. En France et en Allemagne surtout le cheval d'Orient eut encore quelque faveur et quelque succès. De rares représentants, conservés avec art, bien placés et judicieusement utilisés, fournirent la preuve irrécusable que le sang arabe n'avait rien perdu de sa valeur primitive, de sa puissante chaleur, de sa supériorité sur le cheval affaibli et refroidi de la vieille Europe ; mais je parle ici du sang noble et pur d'Arabie, non de celui qui coule dans les veines de tout cheval quelconque extrait de l'Orient.

Partout, en effet, l'expérience a démontré que le bon cheval arabe bien choisi, allié suivant les règles bien entendues de l'union des sexes, produisait avec autant de force et davantage qu'autrefois en tant qu'on n'exigeait pas de ses fils plus qu'on n'en avait exigé autrefois. Mais il ne donne pas de premier jet, à la première génération, des coureurs, je n'ose plus dire des coursiers, aussi rapides que le cheval anglais, dont toute la structure a été graduellement modifiée en vue de cette aptitude particulière — la vitesse, — en vue de la spécialité de l'hippodrome.

Le cheval d'Orient est le noble *coursier* du désert, et cette expression peint très bien sa belle nature, toute la richesse de ses formes, toute la solidité de son organisation puissante et robuste, la plénitude de toutes les perfections réunies. — En Europe nous en avons fait un *coureur* rapide, courageux, brillant, susceptible de dépenser en quelques minutes une prodigieuse quantité d'énergie, de force et d'innervation, accumulées en lui par des soins et un régime particulier long-temps continués ; nous en avons fait un animal exceptionnel tirant toute sa puissance d'un perfectionnement partiel trop souvent acquis aux dépens de la perfection des formes, et de l'exagération d'une seule faculté primant les autres de tous les degrés dont elle a été accrue, détruisant ainsi l'équilibre entre les forces générales de l'économie.

Une conséquence forcée de ce défaut de répartition égale des forces, c'est un affaiblissement relatif des autres parties, qui, ne pouvant suivre ou résister, cèdent par fatigue ou par faiblesse. De là des défectuosités de formes, des vices de structure, des tares, un appauvrissement réel de ce que l'on appelle les qualités physiques, sans atteinte pourtant des qualités morales, demeurées intactes, toujours pleines et entières (1). Telle est la source des deux opinions.

(1) Ce n'est point un fait insolite, particulier au cheval, que cet affaiblissement relatif de certains mérites lorsqu'une faculté est appelée à dominer les autres. On le retrouve dans toute l'échelle de la création et pour les différents ordres de qualités réparties à chaque espèce. Toutes, en effet, jouissent d'une somme d'avantages déterminée et qui ne semble pas pouvoir être augmentée. La nature a suffisamment doté chaque partie de l'organisation ; elle a donné à chaque appareil des forces proportionnées à leur importance. Mais l'homme paraît puissant à modifier cet arrangement primitif, cette disposition première, cette répartition égale et judicieuse ; il semble qu'il puisse à son gré, sans rien ajouter à la masse générale, priver quelques parties au profit de certaines autres, développer et enrichir certains appareils aux dépens de plusieurs organes, affaiblir ceux-ci et faire prédominer ceux-là. Il en

Pour ceux qui veulent des coureurs, des chevaux pour l'hippodrome, oh! le cheval anglais est le type de la perfection, le principe de toute amélioration, et ceux-là veulent le voir appliquer à la restauration de toutes les races inférieures sans distinction aucune.

Pour ceux, au contraire, qui ne s'attachent pas à la poursuite d'une qualité unique chez le cheval, pour ceux qui, avec le sang, estiment aussi la symétrie, l'harmonie de toutes les parties, c'est-à-dire les conditions diverses qui rendent le cheval véritablement supérieur; pour ceux qui, dans l'application du principe de la science, tiennent compte des lois de la nature, le cheval anglais tel quel, rapide autant qu'on le puisse imaginer, mais défectueux dans quelques unes de ses régions, ne sera pas le cheval-père, l'étalon de choix pour la reproduction et l'ennoblissement des races. Ces derniers repoussent avec le même soin, avec la même ardeur, avec le même absolutisme, le cheval d'Orient, fût-il du sang le plus pur, s'il ne possède

résulte que sans augmentation des forces, sans diminution dans la somme de puissance propre à chaque espèce, propre à une race donnée, ou même à un individu, on obtient des aptitudes nouvelles, des spécialités de services dont le germe réside à coup sûr dans l'économie, mais qui ne sont à l'état de haute valeur et d'utilité vraie que dans certaines dispositions particulières et spéciales qui entraînent d'autres arrangements dans la forme et une répartition nouvelle des forces; il en résulte encore que certaines qualités ne peuvent être développées que par l'exagération même des changements successifs apportés par voie d'hérédité dans l'ordre normal des facultés.

Là donc serait le secret de la création des races nouvelles, le secret du développement de certaines aptitudes et de ces perfectionnements partiels qui les rendent si utiles et si précieuses pour des emplois spéciaux, si difficiles aussi à maintenir à leur hauteur quand on a pu les amener au plus haut point d'exaltation qu'il soit permis d'atteindre.

pas d'ailleurs les qualités exigées chez un bon reproducteur, si quelque tare essentielle le déshonore.

Et en cela ils se montrent logiques; en cela ils imitent la manière dont procèdent les Arabes, nos meilleurs maîtres, si l'on en juge par les étalons de valeur qui leur ont été empruntés, et par le petit nombre de poulinières qu'on a pu leur enlever. Est-ce que la pureté, la netteté de toutes les parties, chez le cheval arabe, ne sont pas tout d'abord le fait le plus saillant qui se révèle au premier coup d'œil? Et cette netteté si grande n'est-elle pas la meilleure preuve des soins apportés au rejet de tout producteur souillé de la plus petite tache, entaché de la moindre taré héréditaire?

C'est que les Arabes, comme les plus chauds partisans de leur cheval, font plus que défendre un système et soutenir un parti. Ils sont pour l'observation et puisent les bonnes méthodes dans l'étude des faits généraux et dans la révélation des secrets de la nature. Ils savent que ce n'est pas seulement la vitesse et la vigueur qui se transmettent de père en fils, ils savent que la loi d'hérédité ne comprend pas seulement ce qu'on est convenu d'appeler les facultés ou les qualités physiques et morales, mais tout ce qui constitue l'organisation soit extérieure, soit intérieure, jusque dans ses moindres détails, jusque dans sa dernière molécule.

Beaucoup ont cherché à distinguer et à faire apprécier les influences réciproques des reproducteurs dans l'acte de la génération, et surtout les transmissions héréditaires tant physiologiques que pathologiques; mais n'eût-il pas été plus rationnel de se poser cette question : Quelle transmission peut être empêchée, éteinte? — Aucune à forces égales, — toutes à forces supérieures, — telle aurait été la conclusion après une étude approfondie : car, ainsi que nous l'avons déjà dit avec de Baer et le docteur Heine, « la procréation des êtres n'est que la continuation de la croissance de l'organisme des ascendants; » c'est une vie nouvelle qui résulte à la fois de la fusion des existences antérieures et de la combinaison plus ou moins heureuse des éléments dont se composaient ces existences.

Le beau et le bon, le médiocre et le défectueux, sont donc également transmissibles par voie de génération ; il n'y a pas une molécule dans l'organisation qui ne puisse passer des père et mère aux produits.... Eh bien ! déjà nous l'avons fait remarquer, les vices de formes, les défectuosités même légères, tout aussi bien que les tares les plus nuisibles, se répètent avec une force désespérante s'ils ne sont pas incessamment attaqués et combattus ; ils forment obstacle — un obstacle puissant et permanent — au développement ou à la conservation des qualités les plus élevées.

C'est donc la perfection qu'il faut poursuivre sans relâche. Or, quelle en est la source ?—Le pur sang, puisqu'il tend toujours à repousser l'avilissement, à corriger ce qui est mauvais, à donner au beau une prédominance marquée, à mettre en saillie tout ce qui est bon, tout ce qui est fort.... En ce cas, c'est dire qu'il faut le prendre partout où on le trouve, qu'il faut l'utiliser chez tous les individus qui le portent ainsi doté, riche de toute sa puissance et de toute sa chaleur, fort de toutes les perfections dont il conserve le germe vivace, indestructible ; c'est dire aussi qu'on ne le prend pas comme un être de raison, mais bien comme représentant toutes les conditions d'une organisation solide et non souillée.

Telle est notre opinion quant à l'application du pur sang à la régénération des races, à leur appropriation aux services divers. — Donc, qu'il vienne d'Orient ou d'Europe, nous l'acceptons sauf examen de l'enveloppe qui le renferme et sauf emploi judicieux et rationnel. Nous l'appliquons avec mesure, les yeux ouverts et l'esprit tendu, en suivant d'ailleurs les règles que prescrit la science, les principes qu'enseignent les faits et que l'expérience éclaire de son flambeau.

II.

L'immense querelle touchant la préférence à donner au sang arabe sur le sang anglais, ou bien à ce dernier sur l'autre, a son plus fort point d'appui dans la question des courses. On ne saurait disconvenir que la grande bataille ait été principalement livrée sur ce terrain. Nous pouvons nous en occuper sans pour cela entamer un sujet qui doit être traité à part et avec toute l'importance qu'il comporte.

C'est à l'entraînement, aux exercices violents de la course, que les ennemis du sang anglais attribuent les vices de formes, les défectuosités, les tares, l'impuissance, l'état de décadence, reprochés au cheval de pur sang né et élevé en Angleterre. C'est à l'entraînement, au travail préparatoire des courses, au système d'épreuves en un mot, que les partisans exclusifs du pur sang anglais croient devoir la conservation pleine et entière des qualités physiques et morales que le cheval anglais tient de ses auteurs, des sujets des races orientales d'où il est sorti.... Qui donc a tort, et qui raison ?

Ceux-là ont tort qui regardent les courses comme le but même de l'amélioration des races, au lieu de ne voir en elles qu'un moyen d'arriver à ce but : — Ceux-là ont raison qui, avant d'employer un reproducteur, exigent qu'il ait fourni ses preuves et montré dans des luttes répétées qu'il n'a rien perdu du feu sacré, de cette animation puissante et capable, partage exclusif du petit nombre des privilégiés.

Ceux-là ont tort qui admettent ou rejettent arbitrairement, capricieusement, à la reproduction, des animaux éprouvés ou non éprouvés par cela seul qu'ils appartiennent à telle ou telle race, qu'ils sont d'une famille plutôt que d'une autre ; — Ceux-là ont raison qui ajoutent à ces données essentielles et veulent encore, avant de fixer leur choix, s'assurer que la nature ne s'est point arrêtée à une simple ébauche, qu'elle a été prodigue au contraire, qu'elle a richement et puissamment doté, qu'elle n'a pas oublié ou placé une tare, par exemple, à côté d'une beauté de premier ordre, qu'elle a enfin complété et parfait son œuvre à tous égards ; sont trop faciles ceux qui agissent avec moins de prudence et qui ne voient pas les choses sous leurs différents aspects.

Ceux-là ont tort qui contestent l'utilité des courses et qui arguent contre leur institution de ce que beaucoup de chevaux tarés gagnent des prix contre d'autres chevaux à conformation régulière et belle, de beaucoup supérieure à cause de cela, disent-ils ; — mais ceux-là sont dans le vrai qui raisonnent ainsi : Non, le cheval vaincu n'est pas mieux doté que le vainqueur ; il faut bien qu'en dehors de la conformation il y ait chez ce cheval défectueux quelque chose d'occulte et d'insaisissable aux sens extérieurs et qui le recommande, puisque, malgré ces taches apparentes qui lui ôtent beaucoup de sa valeur et qui entravent beaucoup de ses moyens, il a pu battre néanmoins cet autre dont l'organisation extérieure robuste, dont la structure irréprochable à la surface, promettaient plus de force et de puissance, une supériorité incontestable. Ce quelque chose, indépendant de la forme, manque donc à cette conformation régulière, à cet ensemble de *beau garçon*, puisque son infériorité est réelle ; sa défaite est une victoire pour le principe et justifie ceux qui n'entendent point y faillir.

Voilà bien démontrée la nécessité d'un système d'épreuves. Au plus vaillant la palme...! Qui donc la lui refuserait ? Ne l'a-t-il pas loyalement gagnée ? Cependant, ni au vainqueur ni au vaincu le bénéfice de la reproduction, l'honneur de concourir à la conservation de la race. Si le premier n'est pas net, si le second est incomplet, l'un et l'autre ils la feraient déchoir : celui-ci en la souillant, en lui imprimant une tare nuisible et long-temps réfractaire peut-être ; celui-là en éteignant en elle la force et la puissance, les perfections qui la signalent. A d'autres alors le soin et le mérite de cette reproduction.

Mais tout n'est pas dit après une épreuve : c'est dans une suite de combats que le plus fort se révèle, et, lorsqu'on le juge en dernier ressort, c'est en le comparant aux athlètes de l'espèce, en récapitulant toutes les circonstances dans lesquelles il s'est trouvé placé, en le faisant poser diversement et en discutant ses mérites. C'est donc un sérieux examen, une étude approfondie, auxquels il est soumis avant d'être déclaré cheval de tête, avant de monter au plus haut pas de l'échelle, avant d'être le premier entre tous, — *primus inter pares.*

Ceux-là ont également tort qui, sans examen préalable, ne voient aucune différence entre deux chevaux arrivés très près l'un de l'autre, ou qui, accordant toute valeur et toute supériorité au premier, n'ont aucune estime pour le second. — Le vainqueur a-t-il fait tous ses efforts? Le vaincu a-t-il été puissant, énergique? Le premier n'a-t-il jamais été battu? Le second a-t-il quelquefois remporté la victoire?... Encore un coup, on ne peut pas conclure d'une seule épreuve : les courses et l'hippodrome n'apprennent rien à qui ne veut ou ne peut rien apprendre; mais ils sont d'un immense secours à qui en possède la clef, à qui sait observer et lire dans les faits les plus vulgaires. Il n'est pas vrai que les courses mettent l'ignorance au niveau du savoir; il y a quelque chose encore à découvrir par l'intelligence {après la constatation authentique d'un fait aussi matériel que celui de la déclaration du vainqueur dans une lutte publique.

Ceux-là ont tort qui condamnent systématiquement l'institution des courses par la raison toute spécieuse qu'elle est grosse d'inconvénients et de ruine pour les chevaux, grosse d'abus, voire de friponneries par ceux qui en usent comme d'un jeu. — Ceux-là ont raison qui, nonobstant cela, et même précisément à cause des excès qu'elle entraîne, y voient un moyen toujours efficace de connaître les meilleurs chevaux et de pouvoir ainsi les employer avec certitude, et préférablement à tous, à la conservation pleine et entière de la race pure. Ils peuvent déplorer que parmi les meilleurs beaucoup soient sacrifiés à l'ignorance, à la cupidité, à la passion du jeu, qui ne connaît pas de bornes; mais ils n'en tiennent pas moins ceux qui résistent pour bons et vaillants.

Ceux-là ont tort qui, pour repousser d'une manière absolue le cheval anglais de pur sang, n'ont que du mal à dire de sa race, de sa conformation, et des méthodes d'éducation et d'éle-

vage auxquelles il est soumis ; — ceux-là ont tort qui, ne voulant pas du cheval arabe comme reproducteur, en font des portraits qui offensent la vérité et témoignent peu de respect pour
les faits les mieux acquis à la question. — J'ai plus de confiance
en ceux qui ne s'attachent par esprit de système à aucun parti,
trouvent bon ce qui est bon, jugent froidement, sainement,
sans prévention, et prennent le cheval de valeur partout où ils
le rencontrent.

Ceux-là ont tort qui prétendent améliorer le cheval anglais
avec le cheval arabe, et qui, loin de recommander son emploi,
voudraient le refondre, le réchauffer, le retremper dans le sang
du cheval primitif, du cheval arabe. — Ceux-là ont raison, au
contraire, qui soutiennent que les Anglais peuvent conserver,
sans recourir aux types originels, toutes les qualités qu'ils ont
su fixer dans leur race de pur sang ; ils constatent un fait vrai
lorsqu'ils nient que la race se détériore, qu'elle perd à chaque
génération nouvelle de la chaleur du sang primitif et qu'elle ne
saurait se soutenir plus long-temps si on ne la renouvelle au
contact salutaire du sang d'Orient. En effet, il n'y a rien à répondre à ceci : le cheval n'est pas le seul être de la création
que les migrations aient déplacé, aient fait venir des pays
chauds dans nos climats ; il n'est pas le seul être qui ait reçu de
la main de l'homme des perfectionnements utiles, précieux à
perpétuer… ; d'où vient donc que seul il ne pourrait se maintenir à ce degré de perfectionnement acquis quand tous les êtres
organisés, ainsi modifiés, se soutiennent à leur hauteur sans
retour nécessaire aux types originels ? L'espèce du cheval est
dans la loi commune, elle ne fait point exception. « Nous n'al-
» lons pas redemander au Bengale, au Japon, au Mexique, le
» type du rosier, du camellia, du dahlia, dont les soins de
» l'homme ont su tirer chez nous tant de variétés plus belles
» que les types. La pomme de terre est aujourd'hui, entre les
» mains de nos cultivateurs, infiniment supérieure à ce qu'elle
» était au moment de son introduction, et à ce qu'elle est en-
» core dans les Andes du Pérou. Nos céréales, nos légumes et

» nos fruits les plus succulents, qui sont presque tous originai-
» res des contrées orientales, ont-ils besoin qu'on ait recours
» aux types primitifs pour que les espèces se perpétuent avec
» tous les perfectionnements qu'ils tiennent d'une culture intelli-
» gente et soigneuse (1)? » Non, rien de plus juste si l'on ajoute
un mot, un seul : les perfectionnements divers conquis par
l'art et par des soins judicieux ne se maintiennent qu'à l'aide
des moyens qui les ont produits. Que l'homme cesse d'agir, tout
s'altère et s'efface.

L'institution des courses, on ne saurait le nier, a amené la
race anglaise au point de valeur, au degré de puissance, qui en
ont fait la première race du monde en égard à son utilité propre; que cette institution tombe, la race est éteinte. Est-ce à
dire que l'hippodrome produit tout le bien imaginable, ou qu'il
ne fait pas beaucoup du mal qu'on lui attribue? Non certes ;
mais il est hors de doute, surtout en l'état actuel des choses,
que sans le système des épreuves, sans un *criterium* quelconque de la force et de la puissance, la race anglaise de pur sang
perdrait en quelques générations tout le bénéfice des efforts
séculaires qui l'ont solidement édifiée. Abandonnées à elles-
mêmes, que deviendraient aujourd'hui ces riches variétés de
fleurs que tout le monde admire sans se rendre aucun compte
des soins qu'elles ont coûtés, de la somme d'intelligence dé-
pensée pour les obtenir, de toutes les pertes qu'elles ont occa-
sionnées, de tous les mécomptes et de tous les avortements?....
Et de même de ces légumes succulents, de ces fruits savoureux
et délicats, de toutes les plantes utiles et précieuses qui font notre richesse et satisfont nos besoins. Comment procèdent donc
les Arabes pour conserver toujours intacte et haute en valeur la
race de chevaux qui a donné naissance à toutes les autres, aux
plus fortes comme aux plus faibles? Ce n'est pas en l'abandon-
nant à elle-même, mais en imitant les procédés de la nature,

(1) Math. de Dombasle, *De la production des chevaux*, etc.

12

qui, toujours sage et prévoyante, n'admet à la reproduction que les athlètes dans chaque espèce. La saison des amours est le signal de combats acharnés parmi les prétendants divers : au plus valeureux la palme ! — et l'espèce est toujours ainsi assurée contre la déchéance. Nous l'avons déjà dit, les familles nobles de chevaux, en Orient, sont préservées de toute mésalliance par les soins que l'Arabe met à n'employer à la reproduction que des animaux fortement éprouvés et sortis sans atteinte aucune des différentes épreuves auxquelles ils sont soumis... Par quel mode remplacer en Europe le système adopté?... Que ceux qui ne veulent pas des courses à l'anglaise imaginent mieux et introduisent les réformes que tous les vœux appellent, mais que jusque-là ils cessent de les rejeter systématiquement : car il n'y a point de conservation possible de la race sans choix éclairé, judicieux, des reproducteurs, et nul ne sait assez pour faire un choix fondé sans un système d'épreuves qui révèle à l'œil les secrets que la nature a voulu lui tenir cachés. Est-ce que ce n'est pas l'absence de moyens propres à constater la valeur des animaux d'élite, — les seuls qui doivent et puissent être employés avec avantage à perpétuer les espèces, — qui a donné naissance à ce système étrange de croisement entre elles de toutes les races de la terre, système inventé par Buffon, qui sentait la nécessité d'allier toutes les beautés et toutes les perfections, mais qui, n'imaginant pas les moyens de les découvrir dans les races supérieures, les chercha dans toutes, préconisa leur rapprochement, et recommanda leur mélange incessant, c'est-à-dire leur confusion toujours renouvelée. Ce principe n'intéressait que la forme, il attachait une importance exclusive aux qualités physiques, il ne reconnaissait que les perfections extérieures, puisqu'il n'étudiait que l'enveloppe ; il fondait une beauté de convention que rien ne justifiait et dont l'expérience a fait justice beaucoup trop tard (1).

(1) « L'accouplement d'un cheval de sang mêlé avec un autre » cheval de sang mêlé était une coutume française dont il faut

Il faut conclure. Sans épreuves, point de connaissances précises, réelles, fondées; point de choix certain, par conséquent,
pour la reproduction; dès lors, aucune chance de conserver à
une race sa valeur, les qualités qui lui sont propres... La dégénération prompte et complète est au bout de ce système, qui
ne produit pas un bon cheval. Avec les courses au moins il en
reste quelques uns, et ceux-là suffisent à perpétuer les hautes
facultés inhérentes au cheval noble, au cheval de pur sang, au
régénérateur précieux qui a pouvoir et mission de tout améliorer au dessous de lui.

La plus grande perfection possible est nécessaire, rigoureusement indispensable, chez les reproducteurs, lorsqu'il s'agit
de la conservation d'une race-mère, quand il s'agit de combattre toute tendance à l'altération du type; mais y a-t-il le même
fondement à n'employer à la reproduction que des sujets parfaits lorsqu'il est simplement question d'améliorer une race
inférieure? Non, car il y aurait une impossibilité absolue; non,
car nul ne trouverait dans un tel ordre et en suffisance tous
les étalons nécessaires. — Autre chose est, en effet, de travailler à l'amélioration d'une race, autre chose de porter tous
ses efforts, tout son savoir et toute son intelligence, sur un seul
point, sur un seul fait, qui contient toutes les conditions ensemble, — la conservation d'une race-type dans toutes les perfections qui la recommandent et qui en font la valeur.

» surtout attribuer l'introduction et les progrès au comte de Buf-
» fon, mais que nous autres anglomanes repoussons par la seule
» raison que toutes nos anciennes races de chevaux danois, meck-
» lembourgeois, lithuaniens, polonais et hongrois, n'ont été per-
» dues que par suite de cette méthode. Nous savons aussi, in-
» struits par l'observation et les essais avec des coqs, des chiens,
» des brebis et des bêtes à cornes, que, sans la conservation du
» pur sang, on perd bientôt les avantages de l'accouplement et
» des croisements. Nous avons donc raison d'y tenir dans nos ha-
» ras. »   (M. de Bally, *Institutions hippiques*, t. 1er, p. 122.)

L'amélioration ne repousse aucuns éléments, elle peut avoir son point de départ aux divers degrés de l'échelle hippique indistinctement ;—la conservation d'une race dans toutes ses qualités acquises repousse, au contraire, le concours de la majorité ; elle n'est, elle ne saurait être que dans l'emploi judicieux et réfléchi du petit nombre ; elle n'est et ne saurait être que chez de rares individualités, chez quelques privilégiés que la nature prend soin de compléter à tous égards.

Cette distinction paraîtra fondée : je ne la crois pas contestable. Elle pose la question sur un terrain nouveau qu'il conviendra de fouiller en temps opportun.

Encore le pur sang.

I.

La question du pur sang est le centre vers lequel gravitent toutes les plaintes soulevées par la dégénération des races, tous les plans de restauration nés ou à naître, tous les systèmes d'amélioration qui se heurtent dans les têtes en dedans ou en dehors du monde hippique, toutes les idées en un mot de reproduction chevaline. Elle est donc d'une très haute importance, et l'on nous pardonnera d'y revenir, de ne passer outre que lorsqu'elle nous paraîtra bien élucidée dans ses points principaux.

Et d'abord la négation du principe lui-même.

Elle n'a guère été absolue que du fait de Mathieu de Dombasle. Sur quelle base a-t-il donc appuyé son raisonnement ? Sur quoi a-t-il fondé l'espoir d'imposer aux hommes de cheval une opinion si contraire à toutes les idées reçues, si complétement opposée même au principe élémentaire et fondamental de la science hippique ?

Il n'est pas raisonnable, dit-il, de croire que le *sang* (1) d'une

(1) Le mot *sang*, pris dans l'acception qu'il reçoit forcément dans ces études et dans la signification qu'on lui donne non seulement dans le langage hippique, mais en économie de bétail, le mot *sang* n'est et ne saurait être qu'une expression figurée et d'une valeur

race se transmet par la génération plus spécialement que toutes les autres parties du corps. Est-ce que le sang qui circule dans les veines d'un produit est encore le même, peut être de même nature que celui de ses auteurs? Mais tout au contraire c'est sur les fluides, et par conséquent sur le sang, que l'hérédité exerce le moins d'influence : car, résultats plus ou moins immédiats de la digestion, il n'est point douteux que les liquides du corps animal soient beaucoup plus promptement modifiés que les solides par l'acte de la vie, sous l'influence toute-puissante du régime alimentaire....

C'est le manque de vigueur chez les races françaises qui a fait croire à cette prétendue nécessité du pur sang; mais la vigueur est-elle donc un mérite héréditaire? Non, c'est avant tout un résultat alimentaire. Dépendant beaucoup plus du régime que de la transmission par voie de génération, on ne saurait communiquer ce caractère par le croisement, c'est-à-dire par le sang, du moins pour une suite de générations. En dehors des influences nutritives, le sang n'est pour rien dans le plus ou le moins de vigueur particulière à une race ; c'est tout bonnement un caractère inhérent à l'espèce, commun à toutes les familles, inséparable de la nature même du cheval, et qui le suit dans tous les lieux, sous tous les climats et dans toutes les positions, en se modifiant toutefois selon les ressources alimentaires que chaque race, chaque famille ou chaque individu, trouve dans les conditions spéciales au milieu desquelles il lui est donné de vivre.

Les faits constatent cette vérité : « Partout où les produits

convenue. Nul n'a jamais voulu dire sans doute qu'un reproducteur donnait matériellement à ses fils une partie du sang qui coule dans ses veines. Cependant, au point de vue physiologique, il semble bien que ce liquide contient le principe générateur de l'organisme tout entier et le germe ou la cause de toutes les qualités morales.

» d'étalons de pur sang ont été soumis à une alimentation abon-
» dante, composée de substances excitances et très nutritives
» sous un petit volume, les animaux conservent la vigueur
» que leurs ascendants devaient à un régime semblable. Mais,
» si l'on recherche sans prévention ce que deviennent les pro-
» duits de ces croisements chez les éleveurs qui les soumettent
» au même régime que l'ancienne race, on reconnaît que les
» produits, parfaitement reconnaissables encore par des carac-
» tères pris dans la charpente osseuse, se sont mis, souvent
» dès la première génération, sous le rapport de la vigueur,
» parfaitement au niveau de la race indigène. Les hommes qui
» provoquent chez nous l'amélioration des races par des croise-
» ments reconnaissent bien ce fait. Ils en gémissent, et en ac-
» cusent la parcimonie, la routine ou l'incurie, des éleveurs,
» qui ne consacrent pas aux élèves de ces races choisies une
» alimentation convenable pour leur donner la vigueur qui for-
» mait le caractère de la race paternelle. Mais il résulte de
» cette plainte elle-même la preuve que la vigueur dépend
» beaucoup plus du régime que de l'hérédité, et qu'aucune
» race ne peut transmettre à d'autres pendant plusieurs géné-
» rations la vigueur dont elle était douée hors des conditions
» de régime auquel elle la devait (1). »

C'est à tort, ajoute le célèbre agronome, que l'on attache
quelque importance au fait de l'antiquité d'une race et qu'on
attribue à ce fait le pouvoir, qu'elle aurait plus qu'une autre,
d'imprimer son cachet à celles qu'elle pourrait croiser. L'ancienneté ne fait rien ici : car le cheval arabe, le plus ancien de
tous, le cheval noble et pur par excellence, est sujet à se
modifier lui-même par le régime comme tous les autres chevaux. En effet, relativement fort et développé dans certaines
contrées de l'Arabie, plus favorisées au point de vue de la production agricole, il est chétif, mal conformé, criblé de tares, et

______

(1) **Mathieu de Dombasle**, *loco citato.*

d'une petite stature, au contraire, dans les parties où le sol manque de fertilité, où les ressources alimentaires sont pauvres et peu abondantes. « *Les familles nobles de chevaux sont tout simplement des familles bien nourries.* » S'il en était autrement, les étalons de ces races serviraient à la régéneration de toute l'espèce autour d'eux : il n'y aurait pas un cheval médiocre en Arabie si les types régénérateurs pouvaient quelque chose contre les influences du régime. Si cette régénération n'a pas lieu ainsi avec le concours suffisant d'étalons de la race pure, si leur emploi dans la mère-patrie n'oppose pas à l'altération de la race une barrière puissante, efficace, que peut-on attendre en Europe, ou seulement dans notre France, du très petit nombre d'étalons de la race pure qu'il est possible d'y introduire comparativement aux besoins de toutes nos races réunies? La théorie, l'idée du pur sang, donnent une certaine carrière à l'imagination ; elles se prêtent sans doute à quelques expressions poétiques ; mais elles ne sont au fond qu'une pure fiction, qu'une grande déception.

Quant à la race anglaise, issue de la race arabe, elle est d'une haute valeur, en ce que ses qualités la rendent d'un usage plus général et en quelque sorte universel. Elle a d'ailleurs cet autre avantage, que l'emploi des mêmes moyens peut la reproduire partout la même. Mais elle est d'un entretien extrêmement dispendieux ; l'éducation particulière d'un poulain de pur sang coûte presque aussi cher que celle d'un fils de famille. C'est donc une race artificielle que celle-ci, une race de luxe dont il faudrait éviter avec le plus grand soin l'emploi dans un système d'amélioration d'une race ordinaire, particulière à une localité, d'une race naturelle, comme celle de Normandie, par exemple : car chaque goutte de sang introduite dans cette race doit nécessairement accroître son exigence pour l'alimentation et les soins..... Enfin le principal mérite de la race anglaise consiste dans son aptitude à fournir des courses à courtes distances dans une vitesse exagérée que ne réclame aucun service. Eh bien ! les formes extérieures qui se rapprochent le plus de

nos besoins étant diamétralement opposées à celles qui procurent l'extrême vitesse, il en résulte que l'on n'obtient cette dernière qu'au détriment de qualités infiniment plus précieuses toutes les fois qu'il ne s'agit pas de la spécialité de l'hippodrome. « Ainsi cette race artificielle, d'un élevage si dispendieux,
» et qui ne peut même produire de bons chevaux de selle pour
» d'autres usages que pour la course, voilà ce que l'anglomanie
» nous offre pour améliorer nos races françaises, destinées à
» tous les besoins de la société. C'est par des provocations à
» adopter cette race que l'on détourne l'attention des produc-
» teurs des véritables moyens de régénération de toutes les ra-
» ces de chevaux : l'amélioration du régime par le perfection-
» nement de l'agriculture, des soins d'élevage plus judicieux,
» et un choix attentif des étalons dans la race elle-même (1). »

II.

Mathieu de Dombasle donne une haute importance à tout ce qu'il discute ; aussi les faits se pressent dans cette rapide analyse de son opinion sur la question du pur sang. Avouons bien vite qu'il faut l'étudier à fond pour n'être pas quelquefois de son avis, tant la forme est toujours spécieuse, tant il se montre habile et lucide dans l'exposition de ses idées. L'homme spécial qui le lira trouvera toujours facilement le défaut de la cuirasse et verra certainement clair au fond de cette argumentation nette et serrée ; mais l'homme du monde, mais le simple amateur, mais ceux qui, sans y rien comprendre, croient devoir s'occuper de ces questions ardues, tous se laisseront prendre à ces phrases qui coulent, à ces idées qui se succèdent, à ces déductions qui s'enchaînent..... Mathieu de Dombasle doit être réfuté.

Pour lui, j'ai pu déjà le faire remarquer, il n'y a pas de

(1) Math. de Dombasle.

supériorité de race ; il n'y a qu'un régime bon ou mauvais, une alimentation riche ou pauvre. Les questions de climats sont même complétement effacées. Seule la nourriture est une raison d'élévation ou d'abaissement des races. Il n'y a rien au delà, — rien en deçà…. Pourquoi donc alors, sous l'influence d'une hygiène parfaitement identique, observe-t-on de si grandes différences chez des individus de même race soumis aux mêmes soins, à la même main ?

Le sang ne se transmet pas des auteurs aux produits. De toutes les parties de l'organisme, le sang est la plus prompte à se modifier sous l'influence changeante du régime alimentaire. Il en résulte que le sang varie et dans sa composition matérielle, et dans sa nature, et dans son essence, selon les variations mêmes de la nourriture ; qu'en passant d'une génération à une autre il ne conserve aucune trace de sa composition élémentaire ; qu'il n'a même plus avec sa nature intime (transmissible pourtant) aucune affinité quelconque. La puissance reproductive, si forte en théorie, est à peu près nulle en pratique. En supposant qu'elle s'exerce encore quelque peu, faiblement toutefois, au moment de la conception, elle s'efface bientôt sous l'influence de l'alimentation de la mère, à moins pourtant que le régime, cause première et essentielle de la nature même des ascendants, ne change pas pendant la gestation et soit invariablement le même pendant toute la vie du produit.

Mais poursuivons.

Modifié par des influences nouvelles, le sang modifie à son tour la fibre musculaire, puis les tendons, et plus tard encore les os. Les parties dures, solides, de l'organisation, se modifient plus lentement et restent ainsi plus directement placées sous l'influence de l'hérédité que sous celle des nourritures diverses. Toutefois, par l'effet d'un régime substantiel, abondant, l'os est lui-même susceptible de s'accroître beaucoup en volume dans la période d'une seule génération ; mais ses formes ne s'altèrent pas encore. C'est le même moule, paraît-il, qui s'est accru en proportions égales dans toutes ses dimensions. « Ainsi

» la charpente osseuse, qui résulte de la forme de chaque os en
» particulier et de leurs rapports entre eux, présente dans les ani-
» maux le caractère qui se transmet le plus éminemment par
» l'hérédité. C'est pour cela que les tares qui affectent les os
» sont reconnues pour celles qui sont le plus constamment héré-
» ditaires. C'est pour cela aussi que, lorsqu'une race a été pro-
» pagée pendant une longue suite de siècles sous l'influence
» d'un régime invariable, la charpente osseuse prend des for-
» mes très tranchées et profondément caractérisées dans la race,
» en sorte que, si l'on croise cette dernière avec d'autres races,
» les formes des animaux qui dépendent le plus essentielle-
» ment de la charpente osseuse résistent pendant plus long-
» temps aux influences du nouveau régime, et tendent à se
» perpétuer dans un grand nombre de générations, comme on
» l'a souvent remarqué dans les croisements que l'on opère
» avec les races orientales. »

Ne semble-t-il pas étrange que les transmissions héréditaires
les plus promptes, les plus certaines, soient celles qui intéressent d'abord les parties dures, les os ; — qu'un père lègue plus
facilement et d'une manière plus complète à son fils son système
squelettaire que son sang ; — que le germe enfin recèle tous les
éléments des parties solides sans contenir leur principe générateur ? Mais, s'il en était ainsi, une race se trouverait confirmée
à la première génération ; point ne serait besoin de revenir à
d'autres croisements pour obtenir le gros et l'ampleur si fortement désirés. Le choix du reproducteur n'offrirait aucune difficulté, le problème de l'amélioration des races chevalines obtiendrait bientôt une solution prompte et satisfaisante. Il con-
sisterait uniquement à rechercher les individus dont les os seraient le plus volumineux, à les allier constamment ensemble,
et à trouver une combinaison alimentaire susceptible de pousser
toujours au développement du système osseux. Malheureusement la pratique est en opposition flagrante avec cette idée, que
rien n'étaie, et les os ne grossissent pas toujours chez un animal en raison de l'abondance des matériaux de nutrition qu'il

assimile à sa propre substance. Très souvent au contraire le résultat inverse se produit, et le squelette se réduit à chaque génération nouvelle dans une proportion correspondante à l'augmentation des parties charnues. Ce fait est fréquemment observé dans la production des races d'engraissement ; il est même le point capital de leur amélioration, la base du système d'éducation sous l'influence duquel elles sont façonnées. Et pour ne pas sortir de la spécialité de ces études, est-ce que la plupart des races équestres les plus volumineuses et les plus corpulentes ne montrent pas à l'anatomiste un système squelettaire moins considérable et moins massif que celui des races fines, comme on dit?

Ajoutons un mot à ce simple exposé de la question. Un producteur donne-t-il sûrement à sa descendance, au moment de la conception et sous la forme d'os, la tare osseuse qui le déshonore? — Le produit échappe-t-il bien souvent aux affections qui ont leur source dans une altération du sang lorsque le père en avait reçu lui-même le principe de son procréateur?

Pas plus que l'os assurément, le sang ne passe entier, avec sa composition moléculaire exacte, du père et de la mère aux produits ; mais la partie dure et solide de l'organisation animale est d'autant plus parfaite dans ses conditions de solidité et d'agencement que la source d'où elle émane a été plus épurée. Avant d'être une trame solide, avant de devenir os, la matière vivante a traversé toute l'économie sous forme liquide, mêlée avec le sang, dont elle a fait partie.

Dans toute cette discussion, il ne faut pas l'oublier, Mathieu de Dombasle envisage le sujet au point de vue du croisement, c'est-à-dire de l'alliance entre races différentes dont l'une, — supérieure, — intervient pour régénérer ou pour améliorer l'autre, de beaucoup inférieure. En raisonnant d'après ses idées, le sang de la première n'aura aucune action, ou à peu près, dans l'acte générateur ; mais la charpente osseuse, qui résiste aux influences du régime, ou qui, si elle se modifie, ne fait que se développer également dans tous les sens sans autre altération de son moule primitif, la charpente osseuse, répétons-nous, apparaîtra dans le produit avec tout le mérite d'un heureux agencement ou avec toutes les défectuosités qui lui sont propres.

Ici naît un peu de confusion.

En effet, lequel des deux individus accouplés l'emportera? Le père, qui appartient, je le suppose, à la race supérieure, — a pour lui au moins la force que donne l'influence longtemps prolongée d'un régime toujours le même. D'un autre côté, la femelle n'a pas moins de puissance. Chez elle aussi le squelette est un résultat du régime, et d'un régime qui n'a pas varié depuis nombre de générations. Donc le squelette tiendra bon chez l'un et l'autre reproducteur.... Je ne vois pas dès lors comment s'opérera la transmission héréditaire des parties solides dans un accouplement de ce genre (1). Il y a chez le mâle une grande perfection de la forme du squelette et de la nature même de l'os, dont le grain se montre fin, compacte, serré. Chez la femelle au contraire il est désirable de changer certains rapports des os entre eux : les uns sont trop courts, les autres ont une mauvaise direction; il en est qui sont défectueux, tous manquent de poids, de densité, malgré leur volume; leur contexture est lâche. Le régime ne saurait être changé d'une manière appréciable pour la masse des individus soumis aux mêmes conditions que la femelle, et cependant les besoins de la société exigent que cette nature molle soit fortifiée. Si elle n'est

---

(1) Dans tout accouplement il y a lutte entre deux puissances : la plus ancienne et la mieux fondée l'emporte. Ceci est au moins élémentaire aujourd'hui. Mais supposons qu'il y ait de part et d'autre des forces égales, et que, dans leur opposition, elles agissent avec une même intensité, qu'adviendra-t-il, en n'admettant avec Mathieu de Dombasle qu'un acte matériel, en soumettant, ce qu'il dit être, tous les phénomènes de la vie aux lois toutes physiques qui régissent les corps inertes?.... Il n'en est point ainsi.

que de fer peu flexible et grossier, elle peut être épurée et devenir un fin acier ; mais c'est à la condition d'être trempée avec
art... Néanmoins, comment procéder, puisque l'hérédité ne
pourra rien dans ce cas ?

Les idées de Mathieu de Dombasle, on le voit bien, ne sont
point acceptables, quant aux faits des transmissions héréditaires. Nous ne saurions par conséquent penser avec lui que le
sang n'est pas directement placé sous l'influence de l'hérédité.
Nous continuerons à voir dans ce fluide, qui donne naissance à
la machine animale tout entière, le principe de toutes les qualités extérieures et intérieures, le germe de toutes les dispositions bonnes ou mauvaises, ou tout au moins en sera-t-il le
véhicule bien connu. L'expérience est jusqu'ici pour cette opinion, suffisamment développée d'ailleurs dans les premiers chapitres de ces études. Mais d'où vient qu'un esprit aussi judicieux a pu faire fausse route à ce point ? Il en est toujours ainsi
quand on rapporte tout à une seule et même idée. Mathieu de
Dombasle était agriculteur habile bien plus qu'éducateur de
bestiaux et physiologiste. Il connaissait les heureux effets d'un
régime alimentaire succulent et riche sur la matière animale,
même quand elle a été éprouvée par mille souffrances, même
lorsqu'elle a été profondément dégradée par les privations de
tous genres ; il savait l'efficacité de bons traitements pour relever des constitutions affaiblies par la misère. Puis, d'autre
part, il avait observé que, sans l'aide du régime, l'emploi des
reproducteurs les plus précieux ne menait à aucun résultat sa-
tisfaisant, appréciable. C'est qu'alors l'incurie et la cupidité,
le défaut d'intelligence, le manque de savoir, la pénurie des
aliments, formaient obstacle au succès et enrayaient le développement des qualités dont le germe seul avait pu être déposé par
le mâle au sein d'une organisation avortée, totalement réduite
à l'impuissance. Et, sans fouiller au delà, il ne s'est attaché qu'à
ce fait : avec le sang, rien ; — avec le régime convenable, tout.

La vérité n'est pas là, nous en avons déjà fourni la preuve.
D'ailleurs elle ne sera jamais, en quoi que ce soit, dans l'exa-

gération d'une seule idée, dans l'appréciation d'un fait isolé au dessus de sa valeur réelle.

III.

Il était logique de nier la transmission héréditaire de la vigueur alors que le sang, véhicule de toutes les transmissions, était mis hors la loi de nature, qui confère à tout être vivant le pouvoir de léguer à d'autres, par voie de génération, tout ou partie de soi-même ; « loi fatale qui veut que les qualités com-
» me les défauts, les bonnes comme les mauvaises aptitudes,
» les prédispositions heureuses ou malheureuses, les habitudes,
» quelle que soit leur nature, les formes, la couleur, jusqu'aux
» attitudes, jusqu'aux dispositions actuelles et passagères,
» jusqu'aux difformités accidentelles ; que les instincts enfin t
» les nobles facultés de l'intelligence ; qu'en un mot tous les
» caractères, à quelque ordre qu'ils appartiennent, qu'ils soient
» durables ou seulement passagers, soient susceptibles de se
» transmettre avec une constance qui dans les cas malheureux
» est réellement effrayante (1) ».

S'il ne l'a pas tout à fait méconnue, Mathieu de Dombasle a du moins fort amoindri cette loi de l'hérédité, si profitable à tout éducateur intelligent, si féconde en précieux enseignements, si riche en résultats utiles, malgré l'épais nuage qui recouvre l'acte de la génération, dont tous les mystères ne nous seront jamais dévoilés... Cependant, si la vigueur est un produit exclusif du régime, d'où vient qu'elle n'est pas toujours un attribut du cheval fortement et puissamment nourri, même quand il sort de noble race : car il arrive parfois aussi qu'elle ne passe pas des ascendants aux suites, qu'elle demeure enrayée au sein de l'organisme chez un étalon, par exemple, dont tous les fils se produiront mous et lâches, sans énergie

(1) H. Bouley, *Recueil de médecine vétérinaire pratique*, année 1845, p. 661.

aucune, quoi qu'on fasse pourtant en vue de la développer? D'où vient surtout qu'on ne parvient pas à donner suffisante vigueur à certaines races corpulentes et massives dont les services ne sont nullement en rapport avec la force apparente, bien que les produits en soient alimentés aussi convenablement que possible à toutes les époques de la vie individuelle, comme dans tous les âges de la race elle-même? — Oui, certes, la vigueur est l'un des caractères propres à l'espèce du cheval; mais tous les chevaux ne possèdent pas ce caractère à un même degré; mais toutes les races, à conditions de régime égales, ne le présentent pas en mêmes proportions. Et si parmi les familles de chevaux de pur sang on trouve quelques individus privés de cette qualité si essentielle, ce n'est pourtant là qu'une exception qui n'infirme pas la règle.

Disons donc : les races équestres sont d'autant plus richement douées sous le rapport de l'énergie qu'il coule dans leurs veines une dose plus élevée du sang généreux et chaud qui s'est conservé pur dans un petit nombre de familles vraiment privilégiées, à la faveur de mille attentions qui n'avaient pas d'autre but.

Le cheval de pur sang est vigoureux entre tous, comme en témoignent l'intensité de son action, l'énergie de ses efforts dans les épreuves difficiles auxquelles on le soumet; il est fort plus que tout autre, puisque ses membres résistent à un travail excessif, ruineux s'il y en a; il est robuste enfin autant qu'on le puisse désirer par la solide structure de toutes les parties de son organisme : car sans cette solidité éprouvée il ne pourrait pas suffire aux déperditions considérables des courses impétueuses, des efforts véhéments qu'on lui demande. Chez lui existe entre tous les viscères et entre tous les tissus cette corrélation nécessaire hors laquelle il n'y a ni équilibre ni véritable force, sans laquelle il n'y a pas de perfection. Tel est le cheval de pur sang lorsqu'il est digne de concourir à la conservation pleine et entière de sa race. Se pourrait-il donc qu'ainsi doué il ne donnât pas à ses fils assez de vigueur pour que la descendance de ceux-ci n'en reçût pas quelque peu à son tour?

Mais, répond Mathieu de Dombasle, si la vigueur dépendait plus de l'hérédité que du régime, les produits d'une race étrangère, d'une race pure, mêlée à une race locale inférieure, hériteraient de l'énergie paternelle, et ne resteraient pas, sous ce rapport, au niveau de la race indigène lorsqu'on ne leur donne pas les nourritures excitantes et généreuses qui ont mis en relief ce caractère chez l'étalon. Si la vigueur n'était pas sous l'influence immédiate du régime, accuserait-on les éleveurs de parcimonie, de routine ou d'incurie, et les blâmerait-on si amèrement de ce qu'ils ne consacrent pas à l'éducation de leurs produits une alimentation suffisamment riche et convenablement choisie?

Singulier argument! il faut en convenir. Comment! on pourrait obtenir des races supérieures avec moins de soins, moins d'efforts, moins de nourriture, moins de dépenses que n'en réclame Mathieu de Dombasle lui-même pour les races déchues lorsqu'il veut les relever? Eh quoi! il serait logique de conseiller l'emploi d'étalons de pur sang en vue d'améliorer une race affaiblie, et l'on négligerait de recommander l'usage des moyens propres à assurer le succès du croisement!... Comment! le cheval régénérateur, le cheval-père, dont la production est entourée de si grandes difficultés, entravée par des obstacles si nombreux, ne s'obtiendrait qu'à la faveur des soins les mieux entendus, des sacrifices les plus larges, et ses fils deviendraient ses égaux en valeur sans attention aucune, et sans frais pour ainsi dire!... Mais quelles ont donc été les causes de l'abaissement et de l'infériorité actuels de la race indigène, de celle que l'on sent la nécessité de régénérer? Si les conditions d'existence qu'on lui a imposées sont contraires à sa nature au point d'affaiblir ses bonnes qualités, d'amoindrir considérablement sa valeur, comment ne seraient-elles point nuisibles au développement heureux des bonnes qualités dont l'étalon, encore une fois, ne peut être que la cause, dont le mâle ne saurait apporter que le principe , dont le père ne saurait que déposer le germe?

Mathieu de Dombasle aurait confirmé une opinion fausse et consacré une erreur. Elles ont assez nui jusqu'ici à l'amélioration des races èn France, au développement des bons effets qu'on pouvait attendre de certains croisements arrêtés trop tôt. Et en effet combien d'éducateurs encore dont le savoir ne va pas au delà de cette pensée : Pour obtenir bon , il ne s'agit que de bien choisir l'étalon, et surtout de le choisir pour lui-même. Au père est ainsi dévolue toute influence dans l'acte de la génération : la mère n'y prend aucune part; c'est un moule inerte, rien de plus. Et cette influence du mâle doit s'étendre et se prolonger au delà de l'incubation , bien au delà de la vie utérine. Il faut qu'elle répète chez les produits tous les mérites , toutes les qualités réelles ou de fantaisie qui avaient plu chez l'étalon, et qui avaient, à tort et à travers, décidé de son choix bon ou mauvais , mais toujours fort peu ou fort mal raisonné. Voilà où conduirait la théorie du célèbre agronome, quand il établit qu'il n'y aurait aucun effort à tenter au delà de l'introduction des chevaux de sang , si cette expression avait quelque valeur, si les qualités du cheval de noble race pouvaient se transmettre à ses fils , si elles étaient vraiment une dépendance de la loi d'hérédité, au lieu de n'être qu'un résultat prochain, immédiat, inévitable, d'un régime alimentaire donné. La génération des êtres est-elle donc un fait tout matériel, ou bien un acte de la vie soumis à mille conditions différentes, à mille combinaisons diverses, fugitives, insaisissables, ignorées, à mille actions mystérieuses, à mille formes divergentes? Pourrait-elle donc refléter sur le fils le moule exact du père et de la mère, comme le serait une plaque de cristal étamé pour l'objet quelconque placé en regard? S'étonner de ce que toutes les belles qualités d'un reproducteur ne passent pas à la fois, dans leur développement même affaibli, chez ses descendants, c'est ne pouvoir se rendre compte qu'un liquide porté à 100 degrés de chaleur, je suppose, par son approche d'un corps en combustion , ne puisse perdre une partie du calorique interposé et accumulé entre ses molécules, par son mélange avec un autre liquide à la température de zéro, ou bien encore par le seul fait de son éloignement du foyer. Est-il donc bien étrange que le cheval de pur sang, produit d'un climat brûlant, résultat difficile de mille soins attentifs, ou combinaison heureuse d'influences puissantes en tout favorables à sa nature primitive, à sa culture fructueuse, puisse se refroidir ou même s'éteindre sous l'action forte et non contrariée d'agents défavorables et destructeurs? Est-il donc bien étonnant qu'il soit nécessaire, dans des conditions d'existence opposées, de combattre les influences nuisibles et de faire de l'art pour conserver une conquête précieuse? Mais de quelle manière procède donc l'agriculteur intelligent lorsqu'il introduit sur ses terres une semence nouvelle? S'avise-t-il de la confier au sol le plus maigre et le moins bien préparé de la ferme? L'abandonne-t-il ensuite au hasard, lorsque mille plantes sans valeur, parasites avides et dangereux, viennent lui disputer les sucs de la terre et détourner l'aliment indispensable à sa réussite? L'oublie-t-il lorsqu'elle est menacée par un ennemi plus fort, quand elle pourrait être envahie, étouffée, noyée, empoisonnée, que sais-je? Eh! non, sans doute. Il l'observe et la surveille sans cesse; il la secourt à propos, il la protége dans toutes les phases de sa croissance; il la soigne toujours avec une sollicitude égale, parce qu'il n'ignore pas que l'incurie et l'abandon la feraient promptement déchoir et rendraient complétement inutiles ses premiers efforts, parce qu'il sait fort bien qu'en pareille occurrence sa parcimonie est un faux calcul et devient plus onéreuse qu'une dépense judicieuse convenablement faite : car elle est indispensable au succès qu'il poursuit.

La culture d'une espèce animale n'est ni moins compliquée ni plus facile que la culture d'une plante; d'où vient donc que les agriculteurs en renom ne prescrivent pas pour l'une et pour l'autre les mêmes soins et les mêmes attentions, les mêmes peines et les mêmes sacrifices? Mathieu de Dombasle a partagé cette faute avec beaucoup d'autres.

IV.

Est-il plus heureux lorsque, pour le nier, il s'attaque au principe de la constance ou de l'antiquité des races, principe toujours étroitement lié au fait de l'homogénéité de tous leurs caractères distinctifs? Et sur quel fondement a-t-il posé sa négation? — Si l'antiquité d'une race était de quelque importance dans la certitude et la fixité de ses qualités essentielles, le cheval arabe ne serait pas sujet à se modifier lui-même, et on le retrouverait également doué au moins dans toutes les parties de l'Orient que peuple la race arabe.... Eh quoi! le cheval mal nourri, placé dans les conditions matérielles les plus défavorables, le cheval maltraité à tous égards, accablé, excédé de toutes manières, se conserverait complet, fort, puissant et beau, comme celui auquel on a voué une sorte de culte et que l'on entoure de toute la sollicitude imaginable, d'affectueuses caresses, de ménagements somptueux, si je puis dire, comme celui qui vit au sein de l'abondance et de la richesse? Mais en quel ordre de choses se produit un pareil miracle? Le principe de la constance d'une race homogène et bien fondée, je le vois écrit partout : « On pourrait appliquer au *Kocklani* de nos » jours la description sublime du cheval belliqueux que Job a » tracée avant l'érection des pyramides (1). » « La race anglaise » de pur sang est une race universelle (2). »

Ces deux faits appuyés de mille autres ne suffisent-ils pas à la démonstration du principe? Au temps de Job tous les che-

(1) Grognier, *Précis d'un cours de multiplication des animaux*, etc.

(2) Mathieu de Dombasle.

vaux étaient-ils donc nobles, riches, brillants? Non : car la misère est encore plus ancienne. Regrettons qu'elle ne soit pas moins constante, et qu'elle se transmette ainsi, toujours vivace et dévorante, d'âge en âge, avec sa triste livrée et son hideux cortége. Le Créateur ne pouvait nous livrer sans force et sans puissance à un tel ennemi; il a mis en nous le pouvoir de le combattre et de lui résister. Le bien est partout côte à côte du mal. C'est aux efforts intelligents de l'homme à faire triompher le premier s'il ne veut pas succomber sous le poids avilissant de son antagoniste.

La permanence des espèces n'est pas révoquée en doute. La force qui les créa, dit M. H. Bouley, n'agit plus aujourd'hui, et elles sont immuables. D'autres influences toujours actives, d'autres forces, que l'intelligence peut toujours féconder, créent, fondent, constituent les races. Et ces influences, que ne sont-elles pas? « C'est le soleil, c'est la chaleur, c'est l'air, c'est la
» terre, c'est le penchant d'une colline, le courant d'un fleuve,
» le passage d'un torrent; ce sont les lieux, c'est le hasard, ce
» sont nos soins, c'est notre volonté enfin, qu'elle ait pour mo-
» bile la raison, ou ce qu'on appelle la fantaisie, la mode.

» L'art consiste à s'emparer de toutes ces forces actives ou
» en puissance, à les diriger ensemble ou isolées vers un but
» arrêté d'avance, et, une fois obtenu le résultat qu'on se pro-
» pose, *à le rendre fixe ou durable* en écartant les influences
» qui tendent à le détruire, et faisant conspirer au contraire
» à sa conservation celles qui lui sont favorables.

» Ainsi, pour imprimer à une race un *caractère constant,*
» *durable,* il calcule s'il n'y aura pas, de la part des circon-
» stances extérieures au milieu desquelles elle doit vivre, un
» antagonisme par trop énergique, par trop obstiné. Puis, cette
» première question résolue, il choisit comme type de la race
» nouvelle, et aussi comme instrument pour la faire sortir du
» néant, les individus de l'espèce, ou d'une race déjà conquise,
» qui présentent le plus en relief les caractères nouveaux dont
» la race à venir doit porter le signe distinctif.

» Par la loi des transmissions héréditaires, ces premiers ca-
» ractères apparaissent dans les produits; mais leur image,
» fugitive comme celle que dessine un rayon de soleil sur une
» plaque daguerrienne, disparaîtrait bientôt, si l'art ne veillait
» tout d'abord à n'assurer qu'à une seule famille la possession
» et l'héritage de cette propriété.

» Ce n'est qu'à la longue, lorsque le germe, comme une
» monnaie qui aurait passé plusieurs fois sous le frappement
» du même coin, a reçu l'incrustation définitive du caractère
» propre à la race, qu'alors la famille qu'il engendre peut se
» répandre par la voie des alliances et faire participer à ses
» priviléges, dont l'héritage lui est acquis, un plus grand nom-
» bre de produits (1). »

Ainsi, deux sortes de caractères chez les animaux domesti-
que remaniés par l'homme : — ceux-ci, selon l'expression de
M. Bouley, creusent sur les germes une éternelle empreinte et
mettent l'espèce en dehors de nos atteintes ; — ceux d'une nature plus fugace et moins stable, qui ne sont plus de l'essence
du type, mais qui se fixent à l'aide des générations et pour une
durée de temps indéterminée, sous l'influence de causes agissant toujours de la même manière. Ces derniers passent avec
la même certitude que les autres des ascendants aux produits,
pour peu que des forces identiques en favorisent la transmission
ou que des influences opposées n'en contrarient pas trop vio-
lemment la répétition.

Le cheval arabe a conservé dans toute sa vérité et dans toute
sa beauté primitive le type des caractères spécifiques de l'espèce ; — le cheval anglais offre un exemple frappant de la constance des races maintenues homogènes par un système général
de reproduction et d'élevage uniforme.

Le principe de l'ancienneté des races a donc son fondement
et sa vérité. La théorie et la pratique s'appuient également.

(1) H. Bouley, *loco citato*.

Ceux-là feraient certainement fausse route qui se refuseraient à compter avec lui. Ce ne peut être que par suite d'une préoccupation étrange que Mathieu de Dombasle a été conduit à nier l'une des forces actives de la matière animale, l'une des résistances occultes contre lesquelles peut échouer une tentative de croisement. Il y a de si épaisses ténèbres dans l'acte de la génération, que l'on ne saurait être trop attentif à diriger, dans les vues qu'on se propose, et les faits et les circonstances appréciables ; il restera encore tant au hasard et à l'imprévu ! Ici, quoi qu'on fasse et découvre, il y aura toujours un inconnu à la recherche duquel l'esprit s'userait en vain. Raison de plus pour ne rien négliger de ce que l'étude et l'observation peuvent nous donner de vérité et de lumière.

Quant à l'objection tirée de l'impossibilité d'amener en Europe, en France, un nombre d'étalons de pur sang capables, non seulement libres de toutes tares, mais doués du privilége si rare de marquer leur passage par des caractères de valeur, par les qualités éminentes attachées à l'ancienneté de la race et à la pureté du sang, quant à cette objection, disons-nous, elle n'est pas plus sérieuse.

Et d'abord elle ne prouverait absolument rien contre le principe du pur sang ; elle ajouterait seulement aux difficultés matérielles de l'application. Mais elle tombe d'elle-même devant les faits et l'expérience de chaque jour.

Tout le monde sait aujourd'hui combien peu il a fallu aux Anglais de chevaux et juments de bon choix pour s'approprier la race la plus pure de l'Orient et pour la faire servir ensuite, et de proche en proche, à l'amélioration de toute la population équestre de leur île, à son appropriation heureuse aux divers genres d'emplois réclamés par leurs besoins. Personne n'ignore plus le bien que fait dans une circonscription même étendue un seul étalon qui *race*, — le mal presque irréparable que produit un mauvais cheval employé dans les mêmes conditions. Aux pays de production, aux contrées d'élève, .ces faits sont bien connus. L'étalon qui fait époque vit un demi-siècle et plus dans la mémoire des éducateurs ; mais trop souvent le mérite vrai d'un bon père ne se révèle que peu avant le moment de sa prochaine dissolution. Il en est de même du mauvais reproducteur, auquel on reste trop ordinairement fidèle jusqu'à la fin. Pourquoi cette recherche partiale du dernier, cette faveur imméritée qui l'entoure? Pourquoi ce quasi-éloignement pour le premier, cette mésestime générale qui le frappe? Ah ! pourquoi?.... Chacun peut répondre, car les raisons abondent.

V.

Mathieu de Dombasle devait s'occuper du pur sang anglais comme il s'était occupé du pur sang arabe. Il avait trop de logique pour conseiller le premier lorsqu'il avait repoussé le second. Son système enveloppait tout aussi bien le rejet de l'un que l'expulsion de l'autre. Pour lui, comme pour nous, *la race anglaise est bien issue de la race arabe.* Celle-ci n'a pas été reproduite avec tous ses caractères ; les fils n'ont pas été servilement calqués sur le moule uniforme des pères. La race primitive revit dans la race nouvelle, mais modifiée avec art et appropriée à un ordre de choses bien différent, à une destination toute autre. L'illustre agronome étudie ce produit et l'admire ; c'est une magnifique création, une sorte de tour de force, une œuvre immense qui montre tout le pouvoir de l'homme sur la matière vivante ; bien plus encore, sa force dans les luttes qu'il livre à la nature, puisqu'il a su la dompter, et, comme le dit M. H. Bouley, conquérir sur elle le premier rôle.

Cela seul indique que ce n'est pas une race naturelle, mais une race factice, créée, soutenue à très grands frais, accessible au riche seul et nuisible aux masses par les exigences nombreuses de sa constitution ; exigences telles, qu'elles s'imposent au succès dans toute introduction de cette race dans une autre race : car, en dehors du régime alimentaire exceptionnel et dispendieux qui la maintient sans dégénération à la hauteur où elle a été successivement amenée, il n'y a rien à en attendre.

C'est toujours, on le voit, la même argumentation contre l'emploi de tout autre moyen d'amélioration que celui que l'on peut tirer de la manière de faire vivre les animaux.

Cependant une autre objection, fondée sur le fait des exigences plus grandes, des besoins plus pressants de cette race, est encore produite ici. Ce qui est fort remarquable, reprend Mathieu de Dombasle, c'est qu'on n'ait même pas cherché à résoudre d'une manière positive la question de savoir si le mélange de la race anglaise, en supposant qu'il fût puissant à créer une sous-race, ne produirait pas celle-ci moins bonne que ne serait la race indigène par un système d'amélioration en dedans soutenu par une hygiène puissante, par un mode d'élevage plus riche, plus judicieux et plus rationnel.

Et d'abord ces exigences de la race ne sont point aussi excessives, il faut bien le dire. Professer de pareilles idées, répandre de telles énormités, c'est bonnement semer l'erreur à pleines mains (1). Autre chose, encore un coup, est de songer

(1) On croit communément que le cheval arabe a moins d'exigences que le cheval anglais. J'ai déjà dit que je n'oserais me prononcer sur ce fait... En étudiant de près la production de l'un et de l'autre, on les voit également difficiles sous tous les rapports, sous ceux de la nourriture et des soins. On ne les voit pas sortir complets de l'indifférence et de l'incurie ; pas plus l'un que l'autre, ils ne poussent avec la facilité proverbiale du champignon, — celui-ci dans les parties les plus favorisées de l'Arabie, — celui-là sous la main intelligente du plus habile éducateur européen. Et nous qui sommes aux prises avec le cheval arabe, nous qui voyons élever et qui élevons aussi des chevaux anglais, nous ne trouvons pas, dans les conditions où nous sommes placé, que le premier réclame moins de soins ou de nourriture que le second ; loin de là même, nous tenons pour plus faciles et moins dispendieux peut-être aujourd'hui la production et l'élevage du bon cheval anglais que la production et l'élevage du bon cheval arabe. Toutefois nous partagerons l'opinion générale si le fait est exclusivement observé en bas. Entre les

à maintenir une race dans toute sa perfection actuelle ; de diriger toutes ses forces et toutes ses ressources de façon à l'empêcher de descendre, autre chose de la faire servir à des améliorations utiles. Que les types préposés à la conservation soient onéreusement produits, dispendieusement entretenus, cela est et ne saurait être autrement ; mais il n'en résulte pas que les fils des bons étalons de cette race, employés à une amélioration par croisement, aient des appétits aussi coûteux à satisfaire,

mains de celui qui ne peut offrir à ses animaux ni abri commode, ni aliments suffisants, ni soins quelconques, entre les mains de celui qui végète misérablement sur un sol peu fertile par lui-même, le cheval anglais sera moins à l'aise encore que le cheval d'Orient. La petite taille de ce dernier, sa nature plus concentrée, le sauveront ; mais sa supériorité n'aura pas d'autres causes. C'est une erreur que de la chercher dans un autre ordre de faits.

Le Comice hippique, qui a étudié si consciencieusement la question chevaline et qui en a produit un examen si remarquable et si impartial, nie que la race anglaise soit plus délicate et plus exigeante en nourriture que les races communes. « Nous ne le pen-
» sons point, dit-il ; nous admettrons une plus grande sensibilité,
» une plus grande irritabilité, dans une race où le système nerveux
» est plus fortement développé ; mais cette sensibilité n'est elle-même
» que l'exagération de la vigueur, et cette vigueur n'a pas besoin
» d'être surexcitée par une nourriture échauffante et particulière
» plus qu'il ne serait nécessaire de le faire pour le tempérament
» calme et froid de nos espèces communes ; le contraire est dans
» l'ordre logique, et nous en avons eu des preuves personnelles et
» pratiques.
» En effet nous avons vu des éleveurs, amateurs du pur sang,
» mais non moins amateurs d'économie, nourrir fort mal leurs
» poulains, et cependant obtenir sur des bruyères (et sans avoine)
» des produits presque toujours *manqués*, souvent *tarés*, mais
» constamment vigoureux et énergiques. » (*Au pays et aux
chambres, le Comice hippique*, p. 50.)

des exigences telles qu'il y ait intérêt à ne les pas produire. Non, ces métis ne sont pas d'une production si chère ni d'un mérite si mince ; l'estime plus grande qu'en fait le consommateur, l'élévation du prix qu'en obtient l'éleveur, témoignent de l'amélioration obtenue et du succès réel de l'opération.

Maintenant, et ceci me paraît incontestable, il ne faut avoir recours à l'introduction du sang étranger que lorsqu'on a déjà relevé une race indigène avilie par un régime convenable et par des soins appropriés ; mais j'ai dit aussi toute l'inefficacité de ce mode au delà d'une certaine limite, et la nécessité d'aller plus loin ou plus haut dès qu'il y a impuissance réelle bien et dûment constatée, même sous l'influence si féconde d'un régime alimentaire généreux et substantiel.

« Toutes les fois que l'on veut mettre en lumière l'excel-
» lence de la race anglaise, dit encore Mathieu de Dombasle,
» c'est toujours l'hippodrome que l'on appelle en témoignage,
» parce que dans ces épreuves, pour lesquelles elle a été spécia-
» lement créée, cette race défie réellement toute concurrence. »

Ceci n'est point exact. Que le mode d'épreuves adopté, entraînant après soi un mode d'exercice constant, détermine toujours l'emploi des mêmes forces et décide à la longue certaines formes particulières, cela est vrai, indubitable, et l'on peut avancer avec vérité que la spécialité des exercices du *training* a fait le cheval anglais ce qu'il est ; mais soutenir que l'entraînement à l'anglaise a été inventé pour modifier le cheval arabe et en faire sortir le cheval anglais avec toutes les différences de formes qui le distinguent, ce n'est plus être vrai, ce n'est plus être judicieux (1).

---

(1) Le Comice hippique avait déjà dit : « Ce qui nuit le plus à
» la popularité du pur sang parmi nous, c'est la forme sous laquelle
» il nous apparaît, et le cortége inévitable de jockeys qui l'accom-
» pagne.

» Bien que le nombre des chevaux de cette noble race soit très

L'épreuve était une nécessité. Sans elle on ne serait arrivé à aucune donnée exacte sur le mérite positif, sur la valeur intrinsèque des reproducteurs d'élite. La carrière était le seul moyen de ne pas s'en laisser imposer par une beauté de convention, par un modèle idéal de perfection ; sans elle on se serait trop arrêté à la surface, on n'aurait point assez pénétré sous les apparences extérieures. Le jugement qu'une lutte publique et sérieuse permettait de porter étant basé sur la vigueur de tous les organes, — superficiels ou profonds, — il était certain, à l'abri de toute erreur, de toute prévention, de toute partialité enfin ; il pouvait donc inspirer confiance ; on s'y arrêta, et l'on fit prudemment. D'ailleurs la fin a pleinement

» augmenté en France depuis quelques années, il est cependant
» encore fort restreint. C'est dans de rares occasions, aux époques
» des courses, qu'il est donné au public d'en voir quelques indivi-
» dus, après qu'ils ont été soumis au régime d'entraînement, ré-
» gime dont le résultat nécessaire est de réduire leur volume d'une
» manière peu satisfaisante pour l'œil.

» Lorsqu'ils arrivent sur le terrain des courses, tout leur em-
» bonpoint a disparu, leurs formes, mises à nu, paraissent frêles
» et moins gracieuses ; ce sont des *ficelles*, disent les ignorants, qui,
» frappés uniquement de la masse, ne savent point distinguer la
» force de ces os, l'ampleur de ces muscles, la vigueur de ces
» nerfs (tendons) dégagés de toutes les parties charnues, ni recon-
» naître dans ce corps élégant et svelte la mère énergique ou le
» producteur vigoureux.

» Ces courses, excellentes pour constater la supériorité du *pur*
» *sang*, pour fixer sur ce point l'opinion du spectateur, ont sou-
» vent aussi l'inconvénient de l'égarer.

» Le public, peu éclairé, prend l'épreuve pour le résultat, le
» moyen pour le but ; il pense que les chevaux ont été faits pour
» les courses, et non les courses pour les chevaux : car il croit ces
» derniers impropres à tout autre service. » (*Loco citato*, p. 46.)

justifié les moyens. Supprimez les courses en Angleterre pendant quinze ou vingt ans seulement, et vous verrez ce que deviendra sa population chevaline tout entière, malgré l'état de prospérité incontestable où l'ont élevée deux cents ans et plus d'efforts intelligents et soutenus. Supprimez en Arabie toutes les attentions, le soin religieux que l'on y met à la conservation parfaite des familles de sang pur, noble, et vous les verrez bientôt décroître avec la même promptitude, malgré l'heureux concours de circonstances favorables au milieu desquelles elles se reproduisent toujours identiques depuis tant de siècles.

Beaucoup sont ennemis de l'hippodrome ; prétendent-ils juger plus sainement un cheval dans un parfait repos ou pour l'avoir vu sautiller à la main d'un palefrenier bien stylé en allant et revenant sur ses pas pendant cinq à six minutes? Ils ont raison peut-être lorsqu'ils ne cherchent à se procurer qu'un cheval de fantaisie, mais tort assurément s'ils veulent plus, s'ils ont besoin de découvrir la valeur réelle du sujet. Dans ce cas, n'est-il pas logique de l'étudier plus à fond, de le soumettre à un examen plus sévère et plus sérieux? En se conduisant ainsi, fait-on autrement que ce que l'on pratique chaque jour pour des choses beaucoup moins importantes? Qui donc, dans l'acquisition d'un objet de quelque prix, s'en rapporte exclusivement à la forme de cet objet, à son aspect extérieur? Avant d'acheter une montre, par exemple, est-ce que l'on ne s'informe pas si le mouvement, si les ressorts, seules parties qui intéressent dans l'emploi, ne sont pas le travail habile d'un bon ouvrier? C'est qu'il en est de grossièrement faites à l'intérieur qui sont admirablement parées au dehors. Pendant un mois peut-être elles marcheront aussi bien qu'une Bréguet; mais attendez, pour la juger, qu'elle ait subi une suffisante épreuve ; bientôt en effet elle sera détruite, tandis que si, comme la Bréguet, elle eût été montée sur le diamant, elle eût duré autant que ses supports.

Le système des courses, l'hippodrome, mettent en relief et les qualités réelles du cheval, et leur principe. Ils font que le reproducteur de mérite est connu, apprécié de tous; que le cheval indigne tombe dans l'oubli. Dès lors, plus de ces erreurs qui perdent et détruisent les races. Sans l'hippodrome, que de *Godolphin-Arabian* eussent été ignorés, et combien de *Hobgoblin* eussent détérioré et empoisonné les plus nobles familles !

Le cheval n'a pas été fait pour l'hippodrome, ainsi que Mathieu de Dombasle le prétend ; mais bien l'hippodrome pour la conservation de la race dans ses hautes qualités. Le cheval de pur sang, c'est l'or massif ; c'est un objet de grande valeur avec lequel il est toujours facile de réaliser des valeurs moindres, mais non moins utiles. Ces races de demi-sang ne sont-elles pas en quelque sorte la monnaie de cette grosse pièce? Le fait est que le cheval noble et pur les contient toutes dans sa nature concentrée, et que ses émanations, depuis celles qui végètent tristes et pauvres à la surface du sol jusques à celles qui ont conservé le plus d'affinité avec leur brillante origine, en sont toutes sorties, et n'ont de valeur réelle qu'autant qu'elles participent encore de la chaleur primitive, qu'autant qu'elles conservent au moins une étincelle de ce feu sacré qui anime encore le cheval-père, le prototype de l'espèce.

Ceci est un autre côté de la question. Mathieu de Dombasle ne s'est occupé de l'introduction du pur sang qu'au point de vue du croisement, dont il n'admet en aucune façon l'efficacité, ni l'utilité même. Nous verrons plus tard comment, sans chercher à rapprocher par les formes une race inférieure des caractères distinctifs du cheval de pur sang (ce qui est le but du croisement), il est possible néanmoins d'introduire dans ses veines une dose de sang pur telle que les qualités morales ou internes en soient de beaucoup relevées. La difficulté dans cette opération consiste à ne pas atteindre d'une manière regrettable le moule extérieur de la race indigène quand sa conformation et son gros modèle sont bons à conserver. Il est des services que rempliraient moins bien des chevaux de moindre stature et de mince corpulence ; n'oublions jamais que la production des races n'est in-

telligente et utile qu'autant qu'elle sert à les approprier de plus
en plus à toutes les destinations, à tous les services.

VI.

On n'a pas seulement fait au principe du pur sang des objections de fond ; il en est aussi qui atteignent la forme. Ces
dernières n'ont pas plus épargné le cheval arabe que le cheval
anglais. Les partisans respectifs de ces deux races sœurs les
ont bien vengées des faux portraits qui en ont été tracés.

Cependant au cheval arabe on ne reproche guère que ses
petites dimensions et ses lignes raccourcies. On ne pardonne
pas au cheval anglais une seule de ses formes. Ceux qui le cri-
tiquent, ceux qui n'en veulent à aucun prix, le trouvent défectueux et mauvais depuis la pointe des oreilles jusqu'au bout
écourté de son fouet.

A ce point de vue, c'est le mérite comparatif de l'un et de
l'autre qui est en jeu. Il s'agit d'une question de préférence, et
chacun doue son dada de prédilection de toutes les perfections
imaginables, en même temps qu'il réunit sur le cheval qui lui
est antipathique tout le cortége des vices et des défauts connus
chez l'espèce entière.

Dans ce duel, les opinions s'égarent et ne s'éclairent pas. Le
cheval anglais est beaucoup trop exclusivement considéré sous
le rapport de sa vitesse, le cheval arabe trop exclusivement
représenté sous les dehors de la grâce et de la gentillesse ; mais
là n'est l'utilité vraie, sérieuse, ni de l'un ni de l'autre : elle
est dans les services qu'ils peuvent rendre tous deux, non
comme moteurs — aimables ou rapides, — non comme spécialités de travail, comme application — utile ou agréable —
aux besoins divers de l'époque, mais comme pères, comme
germes féconds de toutes les aptitudes, selon qu'on les emploie
dans des circonstances différentes, pour les faire concourir à
des résultats prévus, pour en faire sortir des combinaisons variées dont ils sont la cause nécessaire, principale, essentielle.

Leur utilité réelle est dans le sang, unique source des qualités morales, véhicule de tous les éléments de force, principe générateur de toute trame organique.

C'est avec le sang que les Anglais créent à volonté le cheval de course, de chasse, d'attelage…, un cheval particulier pour une destination spéciale. L'art vient en aide et diversifie les moyens ; mais le principe est un, invariable. C'est la même source qui fournit à toutes les exigences ; c'est du même tronc que partent tous ces rameaux ; leur commune origine est dans une même essence.

C'est qu'en effet les qualités fondamentales, chez toutes les espèces de chevaux, sont et doivent être toujours et partout identiques. Il n'est pas un service qui ne veuille une constitution vigoureuse, un tempérament robuste, qui ne réclame le courage et la force, une grande puissance musculaire, la résistance de l'appareil tendineux, la solidité du système osseux, un ensemble énergique résultant de bonnes attaches, — toutes conditions générales d'aptitude au travail, d'utilité vraie et de durée certaine. Où donc aller puiser ces qualités, sinon dans le pur sang ? La science apprend à en développer les germes, le principe, puis à en fixer le développement dans une série de générations aussi longues que besoin est.

La reproduction du cheval, envisagée dans toutes les variétés utiles réclamées par les services divers, n'a pas le même point de départ que la production des différentes variétés également utiles dans les autres espèces animales. — Ce n'est pas au taureau si énergique de la Camargue que l'on s'adresse pour obtenir des veaux aptes à un engraissement rapide ; ce n'est pas au taureau de la race de Durham que l'on demande des produits propres au travail et bons marcheurs. — Ce n'est pas non plus dans les troupeaux de la Flandre que l'on va choisir le bélier qui convient à la brebis mérinos ; nul ne songe à faire des longues laines avec les fils de celle-ci. — Il y a des voies plus sûres et plus courtes. — Dans ces espèces domestiques, il a été créé des races tellement différentes des premiers types, qu'elles ne les rappellent plus en aucune façon. Elles ont été revêtues de caractères nouveaux, d'aptitudes nouvelles, et l'exagération des uns et des autres a creusé des empreintes si profondes, qu'elles se répètent maintenant d'une manière fixe et durable par la loi d'hérédité. Mais ici le but à poursuivre consistait à s'éloigner complétement du moule primitif, à s'en éloigner même à tel point que les races créées ne ressemblassent plus en rien, ni quant aux formes ni quant aux aptitudes, aux premiers individus de l'espèce, à ceux déposés près de l'homme par le Créateur lui-même. Il les a refondus en entier, pétris et remaniés à sa guise; il en est arrivé à tailler dans l'organisme vivant comme dans la matière morte et à mouler ses modèles sur des types complétement ignorés. Il a répudié le bœuf et le mouton de la nature pour s'approprier des êtres nouveaux qui s'adaptent mieux à ses besoins.

A-t-il fait ainsi de l'espèce du cheval? a-t-il pu renoncer aussi complétement aux formes et aux qualités primitives? Non, très certainement. Le cheval arabe de nos jours, s'il n'est plus la copie exacte et fidèle du premier moule, comme d'aucuns le prétendent, en est-il au moins bien éloigné? Cela n'est pas supposable. Le cheval d'Orient un peu abandonné, et le cheval à demi-sauvage que nous connaissons tous, se tiennent par des caractères si étroits, qu'il y a tout lieu de les croire très voisins l'un de l'autre. Le cheval arabe le plus noble, celui que l'on fait descendre en ligne droite des haras de Salomon, et le cheval anglais de pur sang, sa descendance directe, sont-i's bien différents l'un de l'autre? C'est M. de Lancosme-Brèves qui répondra : « Si vous prenez en Angleterre un cheval à la poitrine large et profonde, aux naseaux enflammés, aux yeux de feu et aux jarrets d'acier, aux flancs pleins, mais soutenus par de belles hanches, que reconnaîtrez-vous dans le modèle? Vous reconnaîtrez un Nedji dispos, impatient, frappant du pied la terre, hennissant avec force, s'agitant, se tourmentant, etc.; et vous trouverez de plus une taille majestueuse et un digne rival du Nedji véritable, qui sera fier, je vous en réponds, de reconnaître pour son fils l'animal que je viens de dépeindre..., et de l'admettre pour concourir avec lui à la régénération des races » (1).

Le cheval de sang est un, homogène dans toutes ses familles. Ce qui fait la supériorité du cheval arabe, c'est la richesse de sa nature, c'est l'antiquité de sa race, l'illustration de ses aïeux, les soins dont on l'a entouré pour l'empêcher de déchoir, les attentions soutenues qui l'ont conservé dans toute sa noblesse. — Ce qui donne une valeur incontestable au cheval anglais, ce qui le rend le digne et puissant émule du cheval arabe, ce qui le rend également apte à transmettre aux races inférieures les hautes qualités du cheval-père, c'est qu'il a conservé avec lui une affinité grande, c'est que la pureté du sang n'a point été altérée dans ses veines, et que le système général de production et d'élevage d'où il sort le maintient toujours égal, toujours complet, et tend à prévenir, en la combattant sans relâche, toute souillure dans sa descendance ; c'est qu'en le formant, on ne cherche pas à l'éloigner de ses pères, et que, loin de là, on avise toujours à le soutenir au même point d'élévation.

Dans les autres espèces, nous l'avons dit, on oublie complétement le père lorsque dans son fils surgit un caractère nouveau qui semble devoir être d'une plus grande utilité que ce qui est ; on s'attache dès lors exclusivement à reproduire ce caractère insolite, accidentel, et à le fixer, jusqu'à ce qu'une nouvelle modification, souvent inattendue, apparaisse, éveille l'attention de l'éducateur, et fasse adopter un modèle nouveau.

On ne trouve pas dans l'espèce du cheval ces types si tranchés que l'on connaît dans les espèces bovine et ovine, types de formation vraiment artificielle, de création exclusivement humaine. Le bœuf de Durham n'est pas dans la nature. La vache primitive ne donnait pas 30, 40 et 50 litres de lait par

____

(1) *La vérité à cheval*, p. 155.

jour. C'est une faculté développée par l'art que celle qui détermine et fixe une sécrétion normale aussi considérable de ce liquide chez certaines races domestiques devenues des types de production ou d'amélioration. —Les races du mouton n'offrent pas des variétés moins admirables ni moins productives relativement, et elles se montrent tout aussi éloignées du type primitif que les principales races de l'espèce du bœuf. Toutes ont été accidentellement obtenues ou savamment produites; toutes se soutiennent par les combinaisons judicieuses de l'art, qui laisse bien loin par derrière l'état de nature, les conditions premières d'existence de ces espèces. Chez le cheval, au contraire, c'est le sang primitif qui se conserve, qui passe des père et mère aux produits avec la pensée bien arrêtée que ceux-ci, à leur tour, le transmettront intact à leurs suites. On remonte sans cesse à la source, et l'on fait effort pour qu'elle ne tarisse jamais.

Evidemment, si on les observe au point de vue des différences qu'ils ont entre eux, le cheval arabe et le cheval anglais se montreront fort dissemblables; mais aussi que de caractères communs les tiennent unis si on les considère au point de vue des rapprochements! Il n'en est plus de même pour les autres espèces chez lesquelles l'étude des rapprochements ne conduit qu'à cette conclusion : toutes les races sont étrangères les unes aux autres. C'est qu'elles proviennent toutes d'une souche différente; c'est que presque toutes sont sorties d'un accident heureux que l'art a su mettre à profit, développer et fixer. De l'alliance du cheval noble et pur, au contraire, avec les races si variées de l'espèce, résultent toutes les aptitudes utiles et recherchées. En mêlant entre elles les spécialités si distinctes de produits chez le bœuf et chez le mouton, on altérerait incontestablement chacune d'elles, dont le grand développement se trouverait ainsi plus ou moins affaibli chez les descendants; chacune d'elles veut être reproduite en dedans, indépendamment d'une autre, sous peine de dégénération rapide. Chez le cheval, au contraire, la théorie de l'amélioration des races par elles-mêmes est impraticable, à moins que, pour maintenir une race donnée à son point de perfection, on n'ait recours à un système d'épuration logique et certain, fondé sur des épreuves qui ne permettent pas d'erreur dans le fait de la reproduction, et rendent facile un choix toujours convenable des sujets les plus complets, les plus heureusement doués. Hors ce cas, toute race non renouvelée finit par s'entacher de vices et par s'avilir. « C'est » par le cheval oriental, ou son dérivé, le cheval de pur sang » anglais, dit M. Houël, que l'on doit améliorer toutes les ra- » ces de chevaux, depuis les plus massives jusqu'aux plus légè- » res. Il est reconnu par des expériences multipliées, tant en » Angleterre qu'en France et en Allemagne, que de judicieux » croisements du cheval de pur sang avec les plus fortes races » ne leur ôtent rien en force, en taille, en masse ; mais leur » donnent la vigueur, l'action, la vitesse, qui leur manquent. » Un ouvrage (*The horse*) très estimé en Angleterre s'exprime » ainsi : *En admettant une proportion convenable de pur sang* » *par le moyen du croisement et du métissage, nous sommes par-* » *venus à rendre nos chevaux de chasse, nos chevaux de prome-* » *nade et de guerre, nos chevaux de voiture, et même nos che-* » *vaux de trait, plus forts, plus actifs, plus légers et plus pro-* » *pres à endurer la fatigue, qu'ils ne l'étaient avant l'intro-* » *duction du cheval de course ou de pur sang* » (**1**).

« Par les croisements avec le pur sang, dit le Comice hippi- » que, vous introduirez toutes les qualités qui manquent à vos » races dégénérées ; vous leur donnerez le fonds, l'intelligen- » ce, la vigueur, la docilité, et aussi la longévité. »

A une certaine hauteur de vue, et lorsqu'il s'agit d'un systè- me d'amélioration générale, il ne faut pas trop s'arrêter aux points de détail, donner aux questions secondaires une impor-

____

(1) *Des différentes espèces de chevaux en France*, etc.

tance hors de proportion avec elles-mêmes. Les principes domi-
nent; c'est donc aux principes qu'il convient de s'attacher (1).

Dans cette étude toute spéciale, celui du sang est incontestable. On le retrouve partout dans sa force et dans sa vérité. Il
n'y a pas dans le passé une race célèbre qui n'ait dû sa réputation au pur sang. Qu'importe donc la forme dans laquelle on
a enveloppé ce dernier aux différentes phases de la civilisation
du monde? Celle-ci, par bonheur, est susceptible d'être modifiée de mille manières, transformée suivant les vues et les intérêts de chaque époque. Elle peut revêtir des caractères extérieurs superficiels très variés, et se montrer limousine, auver-
gnate ou navarrine, dans un coin; — normande ou bretonne
dans un autre; — plus loin andalouse et napolitaine; — ailleurs
encore mecklembourgeoise, anglaise....., que sais-je? Qu'importe, encore un coup, puisque cette forme est souple, malléa-

(1) Nous ne qualifions pas de *principes* toutes ces assertions contradictoires qui fourmillent dans les écrits de nos hippologues anciens ou modernes, toutes ces idées irréfléchies, tous ces préceptes
faux édifiés sur les lumières du temps, toutes ces propositions erronées desquelles il n'est sorti que de fâcheuses conséquences et
des résultats désastreux pendant qu'elles ont régné en souveraines.
Il faut bien se garder de confondre de telles maximes avec les vérités bien assises et bien fondées, avec cet ensemble de règles premières d'une science qu'il faut appeler du nom de *principes* parce
qu'elles s'appuient sur la logique et qu'elles ont obtenu la sanction
de l'expérience.

Principe veut dire *origine*, *source*, *première cause*. Nous
nommerons ainsi seulement les vérités capitales, essentielles, qui
sont le flambeau d'une science : car aucun fait général ou particulier ne vient jamais affaiblir leur force propre; loin de là, en s'y
rattachant tous, ils la corroborent et ajoutent toujours à leur autorité déjà confirmée.

ble, entièrement soumise à la volonté de l'éducateur ! L'essentiel, c'est que le fond persiste , c'est que rien ne l'altère ; c'est qu'il demeure toujours entier, toujours homogène, toujours doué des mêmes propriétés et de la même puissance que par le passé, puisque dans tous les temps les exigençes de toutes sortes ont toujours pu être remplies !

TABLE DES MATIÈRES.